羊皮卷全集

［美］奥格·曼狄诺◎编　毕俊峰◎译

全新精校精译本

THE GREATEST SCROLLS
FOR SUCCESS IN THE WORLD

古吴轩出版社
中国·苏州

图书在版编目（CIP）数据

羊皮卷全集/（美）奥格·曼狄诺编；毕俊峰译. — 苏州：古吴轩出版社，2017.2（2020.9重印）
　　ISBN 978-7-5546-0873-9

Ⅰ.①羊… Ⅱ.①美…②毕… Ⅲ.①成功心理—通俗读物 Ⅳ.①B848.4-49

中国版本图书馆CIP数据核字（2017）第011291号

责任编辑：蒋丽华
见习编辑：薛　芳
策　　划：张　历
封面设计：沈加坤

书　　名：	羊皮卷全集
编　　者：	[美]奥格·曼狄诺
译　　者：	毕俊峰
出版发行：	古吴轩出版社
	地址：苏州市八达街118号苏州新闻大厦30F　邮编：215123
	电话：0512-65233679　传真：0512-65220750
出 版 人：	尹剑峰
经　　销：	新华书店
印　　刷：	天津旭非印刷有限公司
开　　本：	900×1270　1/32
印　　张：	9.5
版　　次：	2017年2月第1版
印　　次：	2020年9月第4次印刷
书　　号：	ISBN 978-7-5546-0873-9
定　　价：	34.80元

如发印装质量问题，影响阅读，请与印刷厂联系调换。022-22520876

目　录

序言 / I

卷一　积极心态的力量
以积极心态指引人生 / 002
积极心态能够激发潜能 / 007
丰富你的心智 / 011
避免消极心态的干扰 / 014

卷二　人际交往的学问
给他人以真诚的关怀 / 024
谈论他人感兴趣的话题 / 028
让他人感到自己不可或缺 / 033

卷三　让目标达到沸点
让你的目标达到最佳 / 040
目标需要行动去实现 / 045
不要刻意追求完美 / 049

卷四 激发自身无限的潜能

怎样发掘自己的潜能 / 058
想象力能让你创造奇迹 / 061
伟大的潜意识 / 067
冲破自己设置的"心理牢笼" / 073

卷五 勇于挑战自我

挑战自我 / 078
努力，再努力 / 084
让自己变得更强大 / 087
勇于创新 / 090
发展你的独特个性 / 102
懂得与人分享 / 105

卷六 钻石宝地

财富，就在你的脚下 / 110
不要处处炫耀财富 / 114
金钱，也是一种伟大的力量 / 120
坚信自己可以赚钱 / 125
致富的一个技巧：借用他人的资金，为自己赚钱 / 129

卷七 自己拯救自己

自己拯救自己 / 134
优秀品质助你成功 / 139

卷八 最伟大的力量

每个人都拥有最伟大的力量 / 146
选择财富 / 151
选择幸福 / 154

卷九 如何控制你的情绪

获取成功的首要条件是懂得自制 / 160
如何驾驭自我意识 / 165
保持平稳良好的情绪 / 170

卷十 像赢家一样思考

向赢家学习 / 176
善于变通 / 179
要有远大的志向 / 182
认清自己的能力所在 / 188

卷十一　绝不拖延

当机立断 / 194

拒绝借口，拒绝拖延 / 196

学会向他人求助 / 200

卷十二　获取成功的精神因素

高贵的心灵 / 206

良好的性格 / 210

不要把自己的观点强加于人 / 213

恰到好处地换位思考 / 216

保持专注之心 / 220

卷十三　通往成功之路

从失败的经历中汲取教训 / 226

成功就是一连串的奋斗与冲刺 / 229

藐视一切困难 / 232

超越逆境 / 235

即便只有1%的机会，也不要轻言放弃 / 239

卷十四　自动自发

抛弃"为老板打工"的错误思想 / 246
对待工作一定要热情 / 250
主动与上司沟通 / 255
不只是为了薪资而工作 / 259
不断为自己寻找新的挑战 / 262
即便是额外的工作也不要抱怨 / 266

卷十五　《塔木德》的智慧

78∶22法则 / 270
能花钱才能赚钱 / 275
合理地使用金钱 / 279
诚信第一，方能取信于人 / 282
知识重于金钱 / 286

序言

翻阅成功学的发展历史，无数成功学大师的名字熠熠生辉——拿破仑·希尔、戴尔·卡耐基、奥里森·马登、安东尼·罗宾、威廉·丹佛、塞缪尔·斯迈尔斯、丹尼斯·威特利等，无疑是其中最杰出的代表。

他们以自己的亲身经历为基础，通过发表演讲、著书立说，将他们关于成功的思考、方法传递给千千万万迷惘、无助的人们，尤其是青年朋友们。对于许多人来说，阅读成功学著作、玩味成功学思想，无疑是他们寻求自我突破的最便捷、最高效的途径。

基于以上原因，有"世界上最伟大的推销员"美誉的奥格·曼狄诺编著了这本《羊皮卷全集》。本书囊括了拿破仑·希尔、戴尔·卡耐基、奥里森·马登、安东尼·罗宾、塞缪尔·斯迈尔斯等顶级成功学大师毕生智慧的精华。

是的，从来就没有人可以随随便便成功。但这并不是说成功是普通人可望而不可即的。恰恰相反，成功是可以去争取的，人生同样是可以改变的。

本书是奥格·曼狄诺辑录的15位成功学大师的经典合集。这15位作者都是近200年来美国各个行业中的成功人士，他们根据自己的经历，循循善诱地向世人揭示了成功的秘密，以及由之带来的幸福生活的意义。

只有具备成功者的心态，才能拥有成功者的人生。世界每天都在发生着变化，但是，许多为人处世的原则却是古今通用的。只有遵循了一定的原则去生活，才能获得成功，进而实现个人的目标，从而改变自己的一生。毫不夸张地说，《羊皮卷全集》是人类历史上最伟大的励志书之一。

说到这里，我们应该先了解一下编者奥格·曼狄诺的不凡人生。

奥格·曼狄诺（Og Mandino）是世界知名的励志类图书作家，他所撰写的18部励志作品，已被翻译成几十种语言在世界各地出版，在全世界的销量超过4000万册！而他的人生更是充满励志色彩——一度，他是一个徘徊在自杀边缘的流浪汉。然而，在这些成功学经典的激励下，通过一步步的奋斗，他成了一位伟大的励志作家和演说家，其代表作就是享誉世界的《世界上最伟大的推销员》。

奥格·曼狄诺通过其感人至深的作品和无数场振奋人心的演说，改变了千百万人的命运，因此，他本人被誉为"世界上最伟大的推销员"。

通过阅读这本书，我们不难发现，这些成功学大师们没有一个人出身显贵，而且，他们在其著作中反复提到的美国前总统亚伯拉罕·林肯、美国"资本主义精神最完美的代表"本杰明·富兰克林、美国"汽车大王"亨利·福特、世界"石油大王"约翰·洛克菲勒等名人，也都不是一生顺遂无虞的。

实际上，我们只要浏览一下这些成功学大师的履历，就不难发现成功的真谛：

拿破仑·希尔早年一度辍学，而且，并没有受到过完整的高等教育，但是，他经过不懈的努力，写出了《思考致富》等超级畅销书，不但提出了独树一帜的成功哲学，并且提出了"十七项成功原则"，以其思想和行动激励起了亿万人的奋斗热情，成了当之无愧的"顶级富翁的创造者"。

戴尔·卡耐基出身贫寒，甚至还曾经是一个缺乏自信，几乎整天被各种各样莫名其妙的忧虑纠缠的人。就是这样一个主、客观条件都很有限的人，最终却成了带给别人自信、鼓励人们积极改变人生的心理导师，甚至还成了世界著名的成人教育家、伟大的励志演讲家，以及世界上最伟大的成功学大师。

奥里森·马登三岁丧母、七岁丧父。这个无父无母的孤儿为了生存被迫寄人篱下，受尽了屈辱和艰辛。14岁时，他偶然得到了成功学的开山鼻祖塞缪尔·斯迈尔斯的著作《自己拯救自己》——这本在当时就已好评如潮的成功学经典,使这个穷途末路的年轻人重新找到了活下去的信心和行动的勇气。

可以说,也正是《自己拯救自己》这本书点燃了奥里森·马登的梦想。这本书促使他冷静地思考自己的未来,书中所讲的穷孩子历尽艰辛最终获得社会认可的故事,更鞭策他努力地学习知识,为实现理想而不懈奋斗。他兴奋地发现,假以时日,自己一样也会有所成就。

在奥里森·马登40余年的奋斗征程中,他曾经站在财富之巅,也曾被无情地扔到谷底——没有人比一个在财富上经历过大起大落却依然不懈拼搏的人更懂得财富与成功的奥秘。1894年,奥里森·马登30年的梦想终于变成了现实——他成了举世公认的美国成功学的奠基人和最伟大的成功励志导师,被誉为美国"成功学之父"。

……

不用再举更多的例子了,拿破仑·希尔、戴尔·卡耐基、奥里森·马登的经历足以说明一切。那种生来就顺风顺水、不需什么付出就能获得成功的人,不能说绝对没有,但是,也绝对是屈指可数的。

而绝大多数的成功人士,都曾经是像拿破仑·希尔、戴尔·卡耐基、奥里森·马登这样的普通人。他们要么出身贫寒,要么缺乏天赋,要么彷徨无助……然而,他们通过阅读成功学书籍树立起自信,找准自身的人生定位,锲而不舍地努力奋斗,最终书写了各自的人生传奇!

这是一本永不过时的励志经典合集,属于每一个时代、每一个有所追求的人,也曾激励过亿万人改变自己的命运。那些书中所讲的平凡人历尽艰辛最终获得社会认可的故事,无疑将在接下来的时代被创造、被续写,并且,鞭策那些不甘于平庸的人们努力地开发自我潜能,把握成功的方法,为实现美好的未来而奋斗不已!

卷一

积极心态的力量

原著[美]拿破仑·希尔

以积极心态指引人生

大千世界，稠人广众，基本上，没人不盼望着实现自我价值，也没人不想要发财致富，并取得事业的成功。可是，如何才能成功？通向成功之路的起点到底在哪里呢？

拿破仑·希尔告诉我们，积极心态和消极心态是两种截然不同的心态，具有两种惊人的力量：积极心态使人登峰造极，一览众山小；消极心态使人被困谷底，即使侥幸爬上来，甚至一度达到巅峰，也很快会被它拽下去。这两种惊人的巨大力量既能吸引健康、快乐、财富、成功，又能排斥这些东西，将生活中的一切毁于一旦。

那么，心态是怎样影响人的呢？在美国社会心理学家马斯洛看来，当一种心态或信念产生后，你将其付之于行动，就能加强并助长这种信念。

比如，你有一个信念，即你可以很好地完成自己负责的工作，这时，你会觉得工作起来很有干劲。一旦你常常这样想，并且千方百计地做好工作，你的信心就会变得越来越强——这样，你的具体行动就让你拥有了积极心态。

又比如，你很赏识一个人，你就会主动和他交往。接着，你就会不断发现他的优点，从而越发迷恋他——这是情绪和行为相互影响的一个例子。

同样，这也适用于你自己。你很喜欢自己，或者你根本就不喜欢自己，其造成的结果也会是截然不同的。

当一种心态产生后，你的行为将有助于保持这种心态。

因此，一些孩子或女人一旦哭起来，总是越哭越觉得委屈，这就是哭的行为推动他们保持着消极心态，并转化成很坏的情绪发泄出来。因此，当你自认为有能力时，就会觉得，只要再努一把力，就连天上的星星都能摘下来。

实际上，世上并没有一个人能够改变你，能改变你的只有你自己；没有一个人能够打败你，能打败你的只有你自己。所以，不管你自身的条件多么差，只要你能始终保持积极心态，并把它与赢得成功的其他定律相结合，就能达到成功的彼岸。反之，不论你自身条件多么好，机会有多么多，一旦你被消极心态所左右，那么，失败就是注定的。

富兰克林·罗斯福就是通过保持积极心态取得事业成功的典型代表。8岁时，富兰克林·罗斯福还是一个非常胆小且情感脆弱的小男孩，他的脸上经常露出惊恐万状的表情，甚至于呼吸也总像在喘气似的。在背诵诗文时，他的双腿会瑟瑟发抖，嘴唇一个劲地打哆嗦，回答问题时也是口齿不清，既不准确也不流利。回答完毕后，他总会垂头丧气地跌坐在椅子上。

按理说，像他这样的人，性格一定是多愁善感的——害怕结交朋友，逃避任何集体活动，在众人眼中是一个十分可怜的小孩子。

然而，实际上，童年时期的富兰克林·罗斯福并不是这样的。尽管他有着这样、那样的不足，但他始终保持着积极心态——一种积极、乐观、奋发、进取的心态，正是这种积极心态激发了他的奋斗精神。

因为认识到了自己的不足，他因而更加用功、努力，并没有因为小伙伴们的取笑而丧失斗志。他时时提醒自己要用力地咬紧牙床，从而迫使嘴唇停止抖动，因而摆脱了恐惧和羞涩心理。而在他当众发言时，语气也变得十分坚定且富于感染力——正是靠着这种严格的自我克制，靠着这种不屈不挠的积极心态，富兰克林·罗斯福最终成了美国历史上最伟大的总统之一。

像富兰克林·罗斯福这样的人，假若他当初停止奋斗而自甘沉沦，是不会有人在意的，因为这真的太过平常了。不过，他没有这样做。他对自己的不足一清二楚，因而，当亲朋好友对他表示怜悯时，他总是坦然接受。

另一方面，他也从没有过丝毫的自怜情绪——这些情绪曾经吞没了许多比他的缺点少得多、轻得多的人。当人们听说这位受到无数人爱戴的伟大总统竟然有过那么悲惨的童年经历却从未向挫折低头时，他们都不由得肃然起敬。

如果他特别在意自己身体上的缺点，也许，他就会将大把的时间耗费在泡温泉、喝纯净水、补充维生素上。他甚至可能选择去航海，躺在甲板的睡椅上，希望借此恢复自己的健康。但是，他没有这样做。他没有将自己当作脆弱的婴儿看待，而是将自己看作一个"真正的人"。

当他看到其他身强体壮的孩子们骑马、游泳、玩游戏，做各种难度极大的体育活动，他也逼迫自己去骑马、打猎、玩游戏，或参加其他任何激烈的体育活动，把自己变成了百折不挠的勇士。

当他看到其他孩子以顽强的意志战胜困难、摆脱恐惧的情绪时，他也用一种探险家的精神去挑战所遭遇到的险恶环境——这样，他也觉得自己变勇敢了。

当他和其他孩子在一起时，他觉得他喜欢他们，并不躲避他们。因为他对其他人感兴趣，所以，曾经的自卑感很自然地就消失了。

他觉得，当自己满怀喜悦地面对其他人时，就一点也不惧怕他们。还没有上大学时，他就已经凭着不懈的努力、系统的运动、规律的生活，把身体和精力都恢复得很好了。

假期里，他在非洲打狮子，在洛基山猎熊，在亚利桑那州追赶牛群。通过这种方式，他让自己变得愈发强壮有力。

从来没有人怀疑过这位西班牙战争中的马队领袖的充沛精力，也从来没有人对他的勇敢产生过疑问。不过，毋庸置疑，富兰克林·罗斯福曾经就是那个身体虚弱、羞怯胆小的孩子。

富兰克林·罗斯福让他自己获得成功的方式是这么简单，而又是这样高效！这是我们每个人都可以做到的。富兰克林·罗斯福成功的主要因素，就在于他的努力奋斗与积极心态。当然，最重要的还是他所保有的积极心态——正是这种积极心态激励他去奋力拼搏，最终从恶劣的环境中脱身，获得了事业的成功。

"我是自己灵魂的领导，我是自己命运的主宰。"这句箴言告诫我们：因为你是自己心态的主宰，所以，你自然也会变成自己命运的主宰——心态会决定我们将来的机遇。

这句箴言也警示我们：不管你的心态是建设性的还是破坏性的，这个定律都同样会发挥作用。保持积极心态，你就可以将各种念头和想法化为现实，并同样将你心中蕴藏的丰富思想化为现实。

积极心态能够激发潜能

拿破仑·希尔讲过这样一个故事：一个星期六的早晨，一位牧师正在为几句讲道词而坐立不安。他的夫人外出买东西还没有回来。这时，外面突然下起了倾盆大雨，他的小儿子因无所事事而躁动不安。于是，牧师百无聊赖地拿起一本旧期刊，胡乱地翻着。

突然，一张制作精美、色彩鲜艳的大型图画吸引了他的注意力。他发现，那是一张彩绘的世界地图。于是，他将这一页撕下来，撕成碎片，扔到客厅地板上，冲着他的小儿子喊道："强尼，你将它拼起来，爸爸就给你两毛五分钱。"

牧师心想，小儿子大概需要忙活半天，这回，自己的耳根子总算可以稍微清净些了。谁知，连十分钟都不到，他的小儿子就轻轻地敲门进来，说他已经拼好了。牧师大为惊讶，小家伙竟然在如此短的时间里就拼好了——只见每一片纸都整整齐齐地排在一起，一张完整的地图又恢复了原貌。

牧师充满好奇地问儿子，他是怎么在这么短的时间里把地图拼好的。

小强尼不无自豪地说，其实很简单，这张地图的背面有一个人像。他先将一张纸垫在下面，将人的图画放在上面拼起来，再把一张纸盖在拼好的图上面，然后，把两张纸夹着图颠倒过来就行了。

"如果人像拼对了，那么地图也应该拼正确了才对。"强尼兴奋地说道。

"我的宝贝儿子真是太聪明了。"牧师一面说着，一面把两毛五分钱递给了小家伙，"你连明天讲道的题目都替我想出来了。"

"假如一个人是对的，那么，他的世界也是对的。"牧师自言自语道。

这个故事的意义非常重大：**假若对于自己所处的环境极为不满，试图改变现状，你首先就应该改变自己。假若你能够始终保持积极的心态，你所面临的任何问题都将迎刃而解。**

艾文·班·库柏是广受美国人民爱戴的大法官，不过，他在孩提时却是一个性格懦弱的孩子。库柏是在密苏里州圣约瑟夫城里的一个贫民窟里长大的，他的父亲是一个移民，靠做裁缝谋生，收入很少。冬天，为了保证家里的供暖需求，库柏不得不经常拉着煤桶去附近的铁路上捡煤块。那时，库柏觉得非常丢人，他经常躲着放学归来的小伙伴们，从后街悄悄地溜出溜进。

不过，他还是经常会被小伙伴们瞧见。特别是有一帮淘气顽皮的小伙伴们还常常隐藏在库柏从铁路回家的路上，出其不意地吓他一跳。见到他窘迫的样子，那些小伙伴们会笑得前仰后合。而且，那些调皮的孩子常常将他捡的煤渣撒在街上，使他每次回家时都羞窘得泪流满面。这样一来，孩提时的库柏一直存在着或多或少的恐惧、自卑的心理。

终于，有一件事发生了——这种事在我们打破旧有的生活方式时总

卷一
积极心态的力量

是会发生的。由于读了一本书，内心受到了鼓舞，库柏树立起了积极心态，并付诸行动。改变库柏命运的那本书，就是荷拉修·阿尔杰的《罗伯特的奋斗》。

在这本书里，库柏读到了一个像他那样的底层少年的奋斗故事。那个少年遭遇了巨大的不幸，但是，他以勇气和道德的力量战胜了这些挫折、困苦。库柏希望自己也能拥有这样的勇气和力量。

之后，库柏读了他所能借到的每一本荷拉修的书。每当他读书的时候，他就进入了主人公的世界。整个冬天，他都坐在寒冷刺骨的厨房里阅读。那些关于勇士和强者的故事，潜移默化地令他产生了积极向上的心态。

在读了荷拉修的书后，库柏又到铁路上去捡煤渣。这一天，隔着很远的距离，他就看见几个淘气鬼在他后面飞奔。起初，他打算拔腿就跑，不过，他很快想起了他所敬羡的书中主人公的勇敢精神。于是，他紧紧地攥住煤桶，大步流星地向前走去，好像他就是荷拉修书中的那个英雄少年。

这简直是一场恶战。几个淘气的男孩一起向库柏冲去，库柏扔下铁桶，挽起袖子，勇敢地挥舞手臂，奋力抵抗起来。几个淘气鬼没有想到这一出，顿时吓得目瞪口呆。库柏的右手狠狠地砸向一个男孩的鼻子和嘴唇，左手猛捶他的肚子。这个男孩立即停止打架，一转身撒腿跑了，这也让库柏吃惊不小。

与此同时，另外两个男孩正在对他拳脚相加。库柏设法赶跑了一个男孩，将另一个男孩打倒在地，并且用膝盖抵住他，挥舞着拳头狠狠地揍他，击打他的肚子和下巴。此时，还有一个大男孩——他是个"孩子王"，已经跳到库柏身上了。库柏用力将他推开，然后站直了身子。大约过了一分钟，他们俩就这么彼此横眉冷对、一言不发。

后来，这个"孩子王"在他的逼视下渐渐退缩了。突然，他转过头去撒腿就跑。库柏一时心血来潮，捡起一块煤渣狠狠地向他扔去。

等那帮淘气鬼都走了后，库柏才发现，自己的鼻子挂了彩，身上也是青一块、紫一块的。这是令库柏记忆犹新的一件事，在这一天，库柏战胜了长久以来的恐惧。

库柏并不比那几个淘气鬼强大多少，那些坏男孩的恶作剧也丝毫没有收敛，但是，自此，库柏的心态变了。他已经学会了战胜恐惧，不怕危险，也再也没有淘气鬼敢欺负他了。

从此以后，他努力地改变自己的境遇。后来，他真的做到了。他保持住了积极心态，告别了懦弱，战胜了恐惧，终于成了全美家喻户晓且备受爱戴的大法官。

丰富你的心智

一个拥有积极心态的人，常常能够创造奇迹；一个善于化解危机的人，常常会为自己的成功深谋远虑，而不会死守教条。

爱达荷州的两个农夫辛普森和茨威格，各自经营着自己的农场。他们以种植马铃薯为主业，但他俩都不满足于做一个种植马铃薯的农夫。他俩都认为，每个人都能开辟自己的市场，而无须抢夺他人的市场。正是这种积极心态，使辛普森创立了冷冻食品公司，即辛普森公司，并成为麦当劳连锁店马铃薯的主要供应商；茨威格则创立了奥爱食品公司。

他俩之所以会成功，是因为他们拥有丰富的心智。他们深信：深入地拓展自然与人性资源，能够帮助自己实现梦想。你的成功不完全是他人的失败，他人的成功也不完全会剥夺掉你的机会。

从分析企业和个人的成功经验出发，拿破仑·希尔认识到，丰富的、充实的心智会消除狭隘的想法，改变敌对关系，而卓越与平庸的分歧也就在这里。

拿破仑·希尔一生很多时候都经历着丰富与贫乏心智的挣扎。当拥有丰富的心智时，他会开朗乐观、乐善好施，愿意与他人一起生活，由衷地欣赏他人的成就——他敏锐地发现，人的力量之源正在于差异性，个体并不是一模一样的，每个人都应该取人之长补己之短。

具有丰富心智的人，注重互利的原则，交往时先求了解他人，再求被他人了解，其心理上的满足并不是来自于击败别人，或与别人比较。这些人没有占有欲，不要求别人按照自己的话做，他们并不会将自己的安全感建立在他人意见的基础之上。

丰富的心智来源于内心的安全感，并非来源于外在的比较、排名、意见等。假若自身的安全感来自这些，那么，这些俗世的观念就会影响他们的生活。

贫乏心智的鼓吹者认为，自己成功的机会渺茫，假如同事得到升迁，朋友获得赞誉或取得重大成就，自己的身份、地位或安全感就会遭受威胁，即便在口头上赞赏有加，内心也难免痛苦不堪。这类人的安全感是在与别人比较时产生的，而并非来源于对自然法则或原则的信仰。

越坚持以原则为重心，越能够培养出丰富的心智：愿意和别人分享认同感、利益和权力，也越能够因他人的功成名就而感到自豪。如此一来，他人的成就对自己的影响就是正面的、积极的，而不是负面的。

一般来说，丰富的心智具有以下几大特征：

1. 找回内在的安全感

具有丰富心智的人，能够从内在安全感的源泉中汲取动力，并保持开朗、平和的心态，为他人的成就而自豪。这等于他们塑造并拓展了自己的生命，培养自己丰富的感情，来滋养自己宁静、内省、健全的心灵。

2. 享受孤独，返璞归真

具有丰富心智的人善于给自己留出时间,享受独处的时光;心智贫乏的人,因为生性喜欢喧嚣,独处之时往往会觉得寂寞。

自然界有很多珍贵的东西可以充实我们的心灵,宁静的自然环境发人深省,让人心态平和,让人可以调适好心态,重返步调紧凑的生活。

3. 心智与体能保持巅峰状态

在心智方面,拿破仑·希尔建议我们主动培养广泛且深入的阅读习惯;在体能方面,他则主张,我们要寻找适合自己的各种运动。

4. 乐于为他人服务

一些人为了找到内在安全感,会竭尽全力地为他人服务。他们不计名利,将与日俱增的内在安全感和丰富的心智视为最好的回报。

5. 与别人保持长期的良好关系

在我们心灰意冷时,我们的配偶或亲密伙伴仍旧会相信并关爱我们。具有丰富心智的人能够和许多人保持这种关系,当发觉有人正在十字路口徘徊时,就会不假思索地表达对那人的友好与信任。

6. 宽恕自己与他人

具有丰富心智的人不会因自己偶尔的愚蠢之举或过失而自责,对他人的鲁莽、冒犯也不会过分在意。具有丰富心智的人并不关心昨日或明日的梦想,他们非常理性,要求自己过好现在的生活,然后再设计未来,并且灵活机动地应对变化的世界。

他们总是充满着幽默感,愿意坦承错误,并时常宽恕他人。他们总是豪情满怀地干着自己力所能及的工作。

避免消极心态的干扰

我们无法回避这样一个奇怪的现实：在这个世界上，春风得意的成功人士少，愁眉苦脸的平庸之辈多。成功人士过得充实愉快、潇洒自在，而平庸之辈过得空虚苦闷、窘迫艰难。

拿破仑·希尔觉得，平庸之辈多，主要是心态/观念不健康造成的。遭遇困境时，他们总是轻言放弃，并寻找种种借口和托词："我不干了，我还是认输吧。"结果，他们陷入了失败的深渊。

而成功人士遭遇困境时，总能够满怀挑战自我极限的勇气，用"我要！我能""一定有办法"等积极的意念鼓励自己，如此一来，他们最终常常能找到脱离困境的好办法，并且奋勇向前，赢得成功。爱迪生经历了几千次的失败试验，可是他从没有退缩过。最终，爱迪生成功地发明了将整个世界照亮的电灯，这就是一个最好的例证。

成功人士能够从成功中获得更多的信心，而平庸之辈只能从失败中发现更多的恐惧感和借口。**积极行动的积累，能造就伟大的成功；消极言行的积累，只能使人日渐颓废。**

那么，怎样才能避免消极心态干扰呢？要做到这点，你不得不掌握以下内容：

一念之间的改变

仔细观察比较一下成功人士与平庸之辈的心态,尤其是关键时刻的心态,我们便不难发现,一念之差竟然会产生如此迥然不同的结果。

有这样一个故事:

塞尔玛跟着她的丈夫驻扎在一个位于沙漠的陆军基地里。她的丈夫奉命去沙漠里进行军事演习,将她一个人留在了陆军基地的小铁皮房子里。天气热得受不了,虽然有仙人掌的一丝绿意,但是温度还是高达52摄氏度。她感觉自己孤独极了,在她周围都是些墨西哥人和印第安人。然而,这些人都不会讲英语。

她实在太难过了,百无聊赖之下,她写信给她的父母,说要扔下一切回到他们的身边去。她的父亲的回信里只有两行简单的话,这两行字却永远铭刻在了她的心上,将她的想法与未来的生活彻底改变了:

两个人从牢狱的铁窗向外望去——

一个人看到了泥土,一个人却看到了星星。

塞尔玛读完信后觉得很惭愧。于是,她决定留下来在沙漠里寻找"星星"。

塞尔玛开始试着和当地人交流,并且尝试和他们做朋友,而那些当地人热情的反应出乎她的意料——她对他们的陶器和纺织品产生了浓厚的兴趣,于是,他们就忍痛割爱,把这些原本最舍不得卖给观光客的心爱之物慷慨地送给了她。

在当地人的帮助下,塞尔玛研究了当地那些引人入胜的仙人掌和各种沙漠植物，又学习了许多有关土拨鼠的常识。她观看沙漠日落，又寻找海螺壳——这些海螺壳是亿万年前，当这里还是一片汪洋时留存下来的……原本无法忍受的环境，如今变成了让她兴奋、使她流连忘返的奇景。

是什么让这位女士的内心产生了如此巨大的改变？

沙漠没有改变，印第安人也没有改变，但是，这位女士的观念改变了，她的心态变得积极了。只不过一念之差，让她将原本以为极其恶劣的生活，变成了一生中最有意义的旅程。她为此而兴奋不已，并且动笔写了一本书，这本书的名字就叫《快乐的城堡》——她从自己造的"牢狱"向外望去，最终看到了"星星"。

警惕"借口症"

因各种借口而产生的消极心态，就像瘟疫一样毒害着我们的灵魂，并且，让我们相互影响和感染，极大地阻碍了人们正常潜能的发挥，让许多人未老先衰，丧失斗志，消极避世。

然而，就像大部分传染病都能治疗一样，"借口症"这种心态病也是可以治疗的。其中一个最有效的办法就是，用事实将那些借口一一驳倒，让它没有脸面、没有理由在我们心里继续存在。

消除忧虑与恐惧

忧虑与恐惧，每个人都产生过，只是程度不同罢了。事实上，任何忧虑与恐惧都会侵蚀、摧毁我们的积极心态，干扰我们的果断行为。只有当我们将恐惧战胜，将忧虑克服，并利用它们为我们的成功服务时，忧虑与恐惧才可以化害为利。

卷一
积极心态的力量

譬如，我们担心会失败，可是，我们有信心战胜忧虑与恐惧，那么，我们可以付出足够的努力，采取更加细致、稳妥的措施、谋略、行动来争取成功。如此一来，我们就能将忧虑与恐惧控制住。

不受控制的忧虑与恐惧对我们的危害非常大，它可能导致我们心理失衡，并诱发一些生理问题，如失眠、抑郁、神经衰弱等。严重的忧虑与恐惧，会扰乱我们的心智，引起严重的心理与生理疾病。而长期的忧虑与恐惧则会让一个原本优秀的人变成一个碌碌无为之辈。

只有战胜忧虑与恐惧，我们才能赢得成功、卓越、平安、幸福。

当恐惧来临时，我们应该怎么消除呢？

"恐惧由无知而产生。"

拿破仑·希尔借用一位哲学家的话这样说道。明白这句话中蕴含的道理，有助于我们战胜忧虑与恐惧：你害怕什么，你就必须行动起来了解它。然后，看清它的本来面目，再用行动摧毁它，一举战而胜之。不过，要做到这点，你必须保持积极、无畏的心态："我要战胜它！我能战胜它！我一定能战胜它！"积极心态使人变得坚强无比，能帮助人战胜任何恐惧。

别说"人言可畏"

人们常常害怕流言，对流言不仅忧虑而且恐惧。我们不妨来分析一下："人家会怎么说呀！""众口铄金，积毁销骨！""人言可畏！"这些似乎都足以说明，人的言论真的非常可怕，我们似乎也只能忧虑、恐惧了。

那么，流言为什么让人胆战心惊呢？主要原因或许是，流言会让人丢了面子、失去尊严，受到威胁，受到攻击等。

就我们内心而言，除非自己不相信自己，谁能不经我们同意就将我们打倒呢？ 请仔细品味这句话的意思。

流言分为三类：

第一类是愿望流言，它反映了人们的某种要求、预期、未实现的梦想以及未满足的需求；

第二类是恐惧流言，它反映了人们内心的恐惧情绪。这种流言常见于社会紧张时期（自然灾害、战争、政变等），以及人们对某些事物产生明显的恐惧和悲观、绝望的时候；

第三类是攻击流言，它与恐惧流言相似，一般产生于社会紧张时期，通常起因于群体之间的矛盾，其作用在于制造分裂。

无论是哪种流言，其实都不可怕。林肯在任美国总统期间，曾经受到过许多流言的攻击。假若害怕流言，他这个总统就没法当了。那么，林肯总统是怎样对待别人的言论的呢？

他说："假若结果证明我是对的，那么别人怎么说我都无关紧要；假若结果证明我是错的，那么即便花十倍的力气来说我是对的，也无济于事。

"我尽我所能。而我将一直这样做事。"

遭到流言攻击之后，只有尽力去做，去行动，才是消除流言的明智做法。美国五星上将麦克阿瑟和英国首相丘吉尔都曾经将林肯总统的上述名言挂在他们办公室的墙壁上。

舌头长在别人嘴里，笔握在别人手中。别人爱怎么说，我们是没法控制的，不过，脑袋长在自己头上，我们能够控制自己的心态反应，能够控制自己的行为方式。根据自己的志向，努力提高素质，了解人性的弱点，掌握与人沟通的技巧，战胜一切困难，争取成功、卓越，这就是对一切流言的最好回答。

当流言影响到我们取得成功时怎么办？那就采取果断的行动——明智的战略、战术指导下的明智行动。忧虑与恐惧对于消除流言一点帮助都没有。相反，忧虑与恐惧本身才是伤害我们自己的罪魁祸首。

社会上有一种令人哭笑不得的现象：你庸庸碌碌，无所事事，人家要说你；而你奋发有为，追求成功与卓越，人家也要说你，甚至故意找茬说你。就我们的切身利益而言，成功与卓越会给我们带来财富与幸福，既然流言蜚语不断，与其忍受别人说你庸碌无为，倒不如让别人因为对你的成功与卓越羡慕、忌妒而对你横加指责。

流言并不可怕，可怕的是我们因此不敢走自己的路。任何忧虑与恐惧都无法改变现实，只能给我们徒增压力、麻烦、障碍。一旦采取果断的行动，忧虑与恐惧就会离你远去。

其实，对任何忧虑与恐惧都能够采取理智的分析，使其显得既可笑又多余。但是，彻底战胜、消除忧虑与恐惧还要具体情况具体分析对待。如果你害怕在公共场合发表即席讲话或演讲，那么，消除这种心理的唯一办法，就是抓住一切机会，勇敢地站起来发表即席讲话或演讲。

拿破仑·希尔成功学的一个重要内容，就是通过帮助人们公开谈话，使人们得以增强信心，最终战胜忧虑与恐惧。这一方法特别有效。迄今为止，它已经帮助无数人改变了心态，同时也改善了人生。人们一旦能战胜某种忧虑或恐惧心理，那么，他也很容易战胜和消除其他的忧虑、恐惧心理。

拿破仑·希尔成功学课程的具体作用是，帮助学员认识公开讲话或演讲的特点、实质、技巧，帮助学员认识到，害怕公开讲话或演讲的原因是准备不足、缺乏经验、缺少锻炼，然后引导并鼓励学员转变心态，用肯定的方式鼓励、帮助学员在安全的环境下上讲台反复练习，直到可以从容、自信地发表公开讲话或演讲为止。

一旦获得成功，以前的忧虑与恐惧就自然而然地烟消云散了。如此一来，你也极大地增强了战胜困难的信心。

想要战胜忧虑，一定要抓住三个要点：一是认清忧虑的危害。忧虑不能解决任何问题，反而浪费时间，打击自己的自信心。二是对所忧虑的事情进行分析，并从中找到解决问题的方法。三是采取行动。人一旦采取行动，忧虑就会不战而败——对于忧虑的人，行动是一种有效的良药。

下面是一些摆脱消极心态的方法：

1.认识到家庭、学校和社会的教育也许不够健全，也许会存在这样那样的消极因素。你应该学会独立自主，提高分辨能力，并做到择善而从——被动地依靠家庭、学校、社会的教育，则很难摆脱消极心态。

2.增强辨别积极心态与消极心态的能力，关键在于多学习。认真观察成功人士、卓越人物的心态、思想与行为方式，以及他们的成功经验与技巧。同时，与生活中的平庸之辈相对照，思考、分析他们的心态与行为。想一想，成功人士、卓越人物为什么会成功，而平庸之辈又为什么会失败？这样的比较，能够让你看清事实，从而增强积极心态，进而树立摆脱消极心态的自信与能力。

3. 注重个人的成功体验，增强自信心。

4. 树立成功榜样，远离失败者。尽可能选择令人身心舒适愉快的环境，选择积极乐观的朋友。远离充满负能量、心态消极、死气沉沉的失败者，这是保持积极健康心理的一个重要方法。

5. 如果你真的很想改变糟糕的环境，那么你必须先提升自己，牢固地树立自信心。

当今社会有一种好现象：许多青壮年离开落后贫穷的故乡，到沿海发达地区去打拼。不少有志气的人经过数年的摸爬滚打，赚足了钱，又学到了真本事，回到家乡创业。像这样，先离开落后的环境，成就更完善的自我，培养起积极心态后，再去影响、改造落后的环境，这也是落后地区取得社会进步的一条重要途径。

6. 学习成功学的知识，接受成功学的训练，从小事开始，增加成功的实际体验，不断提高自己的素质与能力。

7. 进行增强自信心的训练，学会克服、消除消极心态。

卷二

人际交往的学问

原著[美]戴尔·卡耐基

给他人以真诚的关怀

不知道你有没有留意过？在你们身边的家畜之中，狗是唯一不用工作却能谋生的动物。母鸡需要下蛋，奶牛需要产奶，即便是家中笼子里的金丝雀，它也需要唱歌，但是，狗却什么都不用做，只要对主人表示亲热，就会得到人们的欢心。

直到现在，我还记得自己五岁时养过的一条小黄毛狗，我叫它"皮皮"。那是我父亲给我的生日礼物。它并不名贵，但它有本事在两个月之内，赢得我周围所有人的欢心。

每当下午四点多钟的时候，它就会蜷缩在我家门口的草坪上，紧紧盯着门前的那条小路，只要听见我的声音，或者看到我提着饭盒穿过小路的身影，它就会像一道闪电一样直射过来，在我的身边用力摇着尾巴，并且高兴地汪汪直叫。

它并没有研读过心理学，但是，靠着它的天赋和生物本能，就以向人表示亲热的方法赢得了很多朋友。这是多么滑稽的事情啊——假若一个人单纯地只想吸引别人的注意力，那么，他恐怕在长达两年之久的时间里，也难以交到一个知心朋友。

那么，人们真正注意的是谁呢？肯定不是任何搔首弄姿企图引起别人注意的人。实际上，人们在意的只有他们自己——从早到晚，许多人往往只在乎他们自己。

在纽约电话公司的一项调查之中，人们发现，"我"这个单字在通话之中使用频率最高。在500个通话之中，这个字约被使用了3900次。

当你看到一张自己和他人的合影时，你最先注意到的是谁呢？肯定是你自己——那个被重复最多的"我"！假若我们只是一味地想引起他人的注意，想给他人留下深刻的印象，那么，就不太可能交到很多知心朋友。

我曾经读过奥地利著名心理学家阿尔弗雷德·阿德勒的著作《生命的意义》，这本书中有一句话让我感触很深。阿德勒在书中说道："凡是那些不关心他人的人，必然会在有生之年遇到重大的困难与挫折，并且会极大地伤害别人。同样，就是这种人导致了人类的种种过失与错误。"

当我还在纽约大学进修"短篇小说写作"课程的时候，曾经听过一家杂志社主编的讲课。他说，每天都会有非常多的故事涌向他的书桌，而每个故事只要读上一小段，他就会看出作者究竟是不是真心地关心他人。"一个不关心别人的作者，他的故事也不会受到欢迎。"在这堂课接近尾声时，他这样说道。

假若连写作都是这样，那么，我们还有什么理由不相信，面对面地和人交流时，很多人也是如此呢？

美国公认的魔术大师霍华德·萨士顿就是这样。在他从事魔术表演的40年间，约有6000万人观看过他的魔术表演，纯盈利高达200万美元左右。

霍华德·萨士顿是怎样获得巨大的成功的呢？他并没有接受过良好的学校教育，很小的时候，他就已经离家出走，到处流浪。或许你不会想到，他是躲在货车的车厢里偷偷地向外看一闪而过的路标才开始识字的。

那么，是不是他会什么秘不示人的魔术呢？也不是，在图书馆里，关于魔术、戏法的图书非常多，他懂得的，很多人都懂。不过，他有两大法宝，这是其他人所没有的。或许，这就是他成功的主要原因。

首先，他可以在舞台上表现出自己的个性。萨士顿是一位深谙人性的表演大师。在上舞台前，他精确地设计了自己的每一个声调、手势、动作，甚至于什么时候扬起眉毛、什么时候冲着观众微笑，都在台下反复地演练过。不过，这还不是最重要的。萨士顿最重要的成功之处在于，他是真正地、发自肺腑地关心人。

他曾经这样对我说："我的不少同行在观众面前表演时，可能在心里暗自讥笑观众：'看这群蠢材，等着瞧！我很快就会让你们目瞪口呆。'但是，为什么要这么想呢？每次上台时，我都在心里对观众们表示深深的感谢，感谢他们来欣赏我的精彩表演。正是因为有了他们的捧场，才使我的生活这么快乐，因此，我需要将自己最好的表演带给他们。每次在上台前，我都不会忘记提醒自己：'我热爱我的观众。'"

这听起来也许会让你觉得荒唐可笑，但是，这就是一位著名魔术大师的成功秘诀。

因此，假若你想要改善人际关系，让大家都喜欢你；假若你希望可以帮助他人，也帮助自己，就请记住这个原则：发自肺腑地给别人以最真诚的关怀。

谈论他人感兴趣的话题

凡是曾经拜访过西奥多·罗斯福总统的人，都对他的博学多识惊讶万分。就像哥马利尔·布雷佛所说的那样："罗斯福总统与任何人都能谈得来，无论对方是牧童、猎手、纽约的政客，还是外交家。"

那么，这位总统又是如何做到这点的呢？很简单。罗斯福总统会在接见来访者的前一个晚上认真阅读有关这位来访者的所有重要信息，从这些信息中，他可以很容易地找到彼此的共同话题。

西奥多·罗斯福总统与所有成功的政治家一样，都明白和人沟通、交流时所需要的诀窍，即谈论他人感兴趣的话题。

菲尔普斯是前耶鲁大学文学院教授，在一篇关于人性的文章中，他谈及自己少年时代一次令他受益无穷的经历：

那时，我年仅八岁，正在姑母家度假。一天晚上，姑母的一位中年朋友来访，在和姑母简短的寒暄之后，这位中年人将自己的注意力转向了我。

当时我正疯狂地迷恋着帆船，而这位客人所谈论的话题也丝毫没有偏离这个主题。对我来说，这次谈话简直是妙不可言！当这位客人离开后，我向姑母真挚地称赞他，说他是一个很好的人，而且对帆船也非常感兴趣。你们知道接下来发生了什么吗?

"不!菲尔普斯,我想你错了。"姑母微笑着说道,"这位先生是纽约的一位大律师,我想,他的爱好并不在帆船上。"

对于他为什么一直和我谈论有关帆船的事情,我表示困惑不解。于是姑母告诉了我其中的缘由。

"其实道理很简单。"姑母说道,"这位先生是一位绅士,他喜欢给他人带来快乐。他看到你对帆船很感兴趣,就饶有兴味地和你谈论有关帆船的话题。记住,谈论他人感兴趣的话题,是人际交往中的一个妙法。在让别人感到快乐的同时,你也会变得大受欢迎。"

想要让他人乐于帮助你,最好的方式莫过于让对方喜欢你,而又有什么方法可以让对方真心地喜欢你呢?我们来看看基尔夫的例子吧。

基尔夫对童子军事业很热心,他总是为帮助童子军募集到更多的经费而积极奔走。一次,欧洲将要举行童子军大露营,不用说,基尔夫当然希望他的小童子军们都能参加。

不过,他碰到了一个难题——他们没有足够的旅费,于是,他就去向美国一家大公司的经理寻求资助。

基尔夫效仿西奥多·罗斯福总统的方法,在拜访这位经理前一个晚上,他收集了关于这位经理的所有重要资料,并且找出了这位经理最感兴趣的话题。

真是太幸运了!基尔夫惊喜地发现,这位经理曾开出了一张价值百万美元的支票!这张支票被银行退回后,他将它放在了自己桌上的镜框里。

于是，第二天，当基尔夫走进这位经理的办公室时，他说出的第一句话就是"我对您的那张百万美元支票很感兴趣，让我们聊聊这张支票吧。坦白说，我还从来没有听说过，或者看见过这么大面值的一张支票哩！我想，等我回去后，我要将这件事告诉我的童子军们，对他们说，我刚刚看见了一张价值百万的支票，并且让他们相信这是真的"。

这位经理紧绷着的脸慢慢舒展开了。然后，他会心一笑。他拿出那张支票，兴奋地向基尔夫展示。基尔夫也表示了自己的羡慕之情，并且请求这位经理告诉他这其中的经过。

"我没有提到一点关于童子军的事情，也没有提到去欧洲露营的事。"基尔夫这样说道，"我仅仅是在和他谈这张他很感兴趣的百万美元面值的支票罢了。然而，过了一会儿，他就主动问我的来意，我就将童子军去欧洲露营缺少经费的事情一五一十地对他说了。"

本来，基尔夫仅仅是希望这位经理能够资助一个童子军去欧洲，但是，他最终竟然痛快地答应资助五个童子军，并且，让他们和基尔夫一起去欧洲进行一次为期七周的旅行。不仅如此，他还给基尔夫写了一封介绍信，让自己在欧洲各个分公司的经理好好照顾他们一行人。

至于这位经理自己，他则到巴黎亲自迎接他们，还兴致勃勃地充当导游带领他们游览这座城市。之后，他还向一些家境贫困的童子军提供了工作机会。直到现在，这位先生仍旧很愉快地资助着童子军活动，而且非常活跃。

让他人快乐，这不仅仅是达到自己目的的一种良方，而且是显示一个人高尚情操的一面镜子。

在商界，难道这不是一种很有价值的方法吗？我们来看看杜佛诺先生是怎么卖出自己的面包的吧。

杜佛诺先生在纽约开了一家面包公司，四年来，他一直都想方设法要将自己的面包卖给纽约一家旅馆。每个星期他都去拜访这家旅馆的经理，参加这位经理举行的所有社交活动，最后，他甚至在这家旅馆中专门开了一间房住在那里。但是，他还是没有能够得到这笔生意。

后来，杜佛诺先生改变了自己的做法。在悉心研究了有关人际关系的学问后，他决定先找出这位经理感兴趣的事情。

于是，他经过仔细调查，发现这位经理是美国饭店业协会的会员，而且，他也热衷于成为这个组织的会长，甚至还想成为国际饭店业协会的会长。无论这个协会在什么地方举行大会，即便需要翻山越岭、飞跃重洋，他也一定要到会。

于是，当杜佛诺先生再次见到这位经理时，他并没有提到任何一点关于面包买卖的话题，只是和经理谈论有关饭店业协会的事情。经理的反应非常兴奋！他侃侃而谈，对着杜佛诺先生讲了半个小时关于协会的事情。他的声音充满激情，很明显，这是他非常感兴趣的事，甚至，在杜佛诺先生离开前，他还劝说杜佛诺先生也加入这个协会。

几天后，这家旅馆的一位负责人给杜佛诺先生打来电话，说他们希望看到他的产品货样和价格单——要知道，那天，他连一句关于面包销售的话都没有说！

这四年以来，杜佛诺先生对这位经理紧追不舍，不过，假若不是他开动脑筋去想对方感兴趣的东西是什么，那么，恐怕直到今天他还是不会有丝毫收获。

因此，当你希望他人喜爱你、欢迎你时，请牢记这条原则：谈论他人感兴趣的话题。

让他人感到自己不可或缺

在现实生活中,许多人都有交际障碍的问题。这是为什么呢?

让我们好好观察下他们。这样的人虽然在年龄、性别、爱好等方面多少都会有些不同,但是他们都有一个共同点——喜欢自我表现。

他们总是喜欢在他人面前夸耀自己、吹嘘自己,强调自己的重要性;他们在潜意识里都认为自己不可或缺;而在每次取得成功后,他们总是不厌其烦地强调自己做出了多么大的贡献,或者是有多么大的功劳。

实际上,他们完全忘记了人际交往的一个重要原则——让别人感到自己不可或缺。

让你身边的人感到愉悦吧!这并不会浪费你什么,但是,却会带给他们快乐。

我去纽约第三十二街和第八道交叉口处的邮政局邮寄自己的一封挂号信。排队等待的人很多,那位可怜的邮递员必定觉得这份工作无聊透顶——日复一日地称重、拿邮票、找零钱、写收据——他的脸上满是无聊与疲倦。

于是,我在心里自言自语:"我希望他能喜欢我。当然,要让他喜欢我的话，我一定得对他说些好话才是——不是关于我自己的，而是关于他的。""但是，他又有什么地方是值得让我称赞的呢？"我颇感为难，然而，当我排在他面前时，我很快就找到了共同话题。

他拖着疲惫的身子，无精打采地称量我的信件。这时，我发自肺腑地称赞他："你的头发真好看！我希望自己也能有这么好的头发。"

他愣了愣，接着脸上露出微笑，高兴地说道："啊，是吗？但老实说，它已经没有以前那么好看了。"他的心情慢慢好起来了，接着我又和他聊了几句。在临走的时候，他对我说道："以前，很多人都称赞过我的头发。"

我敢打赌，在午餐和休息时间里，这位先生肯定会不断地观察自己的头发，面带微笑，健步如飞；而当他回家后，也一定会将这件事情告诉他的妻子，并且对着镜子喃喃自语："啊！多么漂亮的头发啊！"

当我在一次演讲中提到这件事时，一位听众问我："你想要从这个人身上得到什么呢？"

请允许我反问一句——我想从那人身上得到什么？或者说，我能从那人身上得到什么？为什么我们会这么自私？只有当需要从别人身上得到什么好处的时候，才会真诚地赞美或感激别人——假如我们的灵魂像野生的酸苹果一样渺小不堪，我们又怎能指望自己心灵有多么丰富呢？

没错，这就是我曾经希望在那位邮递员身上得到的一些东西，而且我也得到了——那就是帮助别人获得快乐。

人类的本质决定了这种生物和其他生物的区别，那就是——人们无不渴望获得他人的肯定。因此，在我们交往的行为之中，同样存在着一个重要的法则——时刻让他人感觉到自己的重要性。我们只要能遵循这一法则，并在与别人交往时做到这点，就能得到很多友谊和永恒的快乐。不过，假若不按这个规律办事，就难免会遭遇这样那样的麻烦。

很多古圣先贤都曾深刻思考过人与人之间相处的问题，而得到的答案也惊人地一致——无论是释迦牟尼、琐罗亚斯德、孔子、老子……他们都在讲述一个同样的道理——想让他人怎样对待自己，就先要怎样对待他人。

我明白，每个人都发自内心地希望得到朋友们的认可，希望他人明白自己的价值；我们不喜欢那种廉价的、轻飘飘的恭维；我们喜欢别人出于真诚的赞美……是的，我们需要什么，其实都有心中有数。

不过，你是否明白应该怎么得到这些呢？按照这个古老的定律——你希望他人怎么对你，首先要同样去对待他人——去行动——别挑剔时间、地点，你要每时每刻都这样做。

打个比方，当你在餐厅里点餐，当女服务员送来的不是你想要的炸薯条而是马铃薯片的时候，你何妨微笑着说："对不起，我不想麻烦你，但我还是比较喜欢炸薯条。"这么做一点也不麻烦，而她也会微笑着向你表示歉意，并迅速地为你调换食物。

不错，很多日常用语都能用来打破日常生活中的单调和误解，例如，"对不起，麻烦你……""能不能请你……""请问……"说这些话其实一点都不麻烦，却可以使你的生活更加轻松、愉快。

我们来看一个有些羞涩的小男孩的故事。

这个故事发生在加利福尼亚州。罗纳尔德·罗兰是一个手工艺班的美工教师。他所教的初级手工艺班里的一个学生克里斯，是个内向、害羞的小男孩。他平时很少能引起老师们的注意。

一天，罗纳尔德看到克里斯正在阅读课本，就走过去问他喜不喜欢上自己的课。然而，出人意料的是，这个学生的情绪突然大变，他略带哽咽地说道："老师，我是不是有什么地方做得不对？"

"当然不是！"罗纳尔德大为惊讶，慌忙解释说，"正好相反，你做得非常棒！"

那天下午，下课以后，克里斯昂首走到罗纳尔德·罗兰的面前，真诚地说道："谢谢你，罗兰老师！"

这让罗纳尔德明白了，在一个男孩心中，自尊是何等重要。从此，他始终在心中提醒自己——每一个学生都同等重要，不论他的性格是内向还是外向。他甚至在教室前面竖起了"你很重要"的标语，以之来激励学生们。

这是一个无法否认却总会被我们忽略的事实：每个人在内心深处都会认为，自己在某方面比他人优秀。因此，要打动他们的最好方法，就是巧妙地让他们认为——你衷心地觉得他们很重要。

唐纳德的一个赞美，为他赢得了宝贵的友谊和礼物，他是如何做到的呢？

唐纳德是纽约一家园艺设计与保养公司的负责人。一天，他为一位著名的鉴赏家去做庭院设计。这位屋主向他做了一些简单的交代,并告诉他,自己想要在什么方位栽种一片石楠和杜鹃。

这时,唐纳德靠着自己对他的初步了解,与他聊起了天。

"先生,我想,我知道你有个爱好。"唐纳德说道,"你是不是养了很多漂亮的狗?我要是没有记错的话,每年在麦迪逊广场花园的犬类展览中,你都可以拿到好几个蓝带奖呢。"

这位鉴赏家高兴极了,他对唐纳德说:"太对了,我从饲养它们中得到了许多乐趣,我可以邀请你去认识一下我的宠物朋友们吗?"

于是,这位鉴赏家带领唐纳德参观了自己的犬舍,观看他曾获得的奖项,还仔细地向唐纳德说明血统对狗的外貌和智力的影响。这么说着,他们竟然花了近一个小时。

最后,他问唐纳德:"那么,你有小孩子吗?"

"是的,一个调皮的八岁小男孩。"唐纳德回答。

"他会喜欢要一只小狗吗?"

"我想是的。"

"那么,我将送给他一个礼物。"那位鉴赏家对唐纳德说道。

这位鉴赏家本来打算告诉唐纳德如何养小狗,不过又停了下来。他说:"饲养小狗实际上相当麻烦,你或许不太明白吧。我来写一份详细的说明给你吧。"

随即,这位鉴赏家送给唐纳德一只血统纯正的、昂贵的小狗,以及一份详细的饲养说明,还在百忙之中挤出了大约两小时时间和唐纳德聊天，而这一切，完全是由于唐纳德衷心地赞美他的爱好与成就。

曾两度出任英国首相的伟大政治家迪斯雷利有一句名言："与人们谈论他们自己，他们会愿意谈上好几个钟头。"

因此，假若你想受到他人的欢迎，就应当牢记这条原则：让别人感到自己不可或缺。

卷三
让目标达到沸点

原著[美]奥里森·马登

让你的目标达到最佳

一旦确定了目标,最怕的就是不能始终如一地坚持下去。有目标和实现目标的条件,并不等于你就一定能实现目标。假若你不能专心致志,用精益求精的精神让你的目标达到最佳,那么,可能任何目标都无法实现。

奥里森·马登在他的著作中说道:"要使水变为水蒸气,一定要将水烧到100摄氏度。只有94摄氏度的温度,水是不能变成水蒸气的;再加热到99摄氏度,也还是不能。而只有到100摄氏度,才能冒出水蒸气来,这样才能推动机器,给火车提供前进的动力。而温水是不能推动任何东西的。

"不少人想用稍微有些温度的水,或用快要沸腾的水来推动火车,然而,他们只能对火车纹丝不动表示困惑——正如温水无法使火车开动一样,假若你用冷漠的态度对待你的目标,那么,不论目标的大小,它肯定不会实现,自然也无力推动'生命的火车'。每个人不仅要有适合自己的目标,而且还应该有专注的精神,让自己的目标稳定、可行。假若没有这种精神,就像永远达不到沸点的水一样,无法推动奔向目的地的'人生列车'。"

奥里森·马登——这位成功学大师——认识许多一度事业蒸蒸日上的人士,然而,他惊讶地发现,在某一天,这些就要取得更大的成功的人,总会由于这样那样的原因,将自己的事业被迫放弃了。这些人一直在想着,自己是不是找到了合适的职位,或者自己的才能用在哪里才能最大限度地得到发挥。

他们缺乏专注精神,假若遇到困难与挫折,就会信心顿失,或者一听到别人在另一个行业取得成功时,就会沮丧万分;他们觉得,自己如果也从事那个行业,一定会比那人干得更好。然而,要知道,假若一个人失去了对目标的专注力,总是草率地放弃目标,大致上就可以确定,这个人的事业不会有什么起色。

1744年8月1日,拉马克生于法国的毕加底。拉马克家共有11个孩子,他是其中最小的一个,也最受父母宠爱。他的父亲希望他长大后当个牧师,就把他送到了神学院去读书。后来因德法战争爆发,拉马克应征入伍。随后,在因病退伍后,拉马克爱上了气象学,整天仰望着天空出神——他想通过自学成为气象学家。

后来,拉马克在银行里找了份差事,于是,他又想当个银行家。不久后,拉马克又爱上了音乐,整天拉小提琴,梦想成为一个音乐家。这时,他的一个哥哥劝他学医,于是,拉马克接受了他的建议。

拉马克学了四年医学,却始终对医学没有兴趣。拉马克24岁的时候,有一次,他在植物园散步时,遇上了法国著名的文学家、哲学家、思想家卢梭,卢梭觉得这个年轻人很有意思,就常常带他到自己的研究室里去。在那里，这位"朝秦暮楚"的年轻人被科学深深地吸引住了。从此以后，拉马克花费了整整11年的时间，系统地研究了植物学，写出了名著《法国植物志》。他在35岁时，当上了法国植物标本馆的管理员，研究了15年的植物学。

50岁时，拉马克又开始研究动物学。随后，他又孜孜不倦地研究了35年的动物学。换句话说，拉马克从24岁起，用了26年时间研究植物学，又花了35年时间研究动物学。最终，拉马克成了世界闻名的生物学家——他是最早提出生物进化论的科学家之一。

从拉马克的经历中，我们不难看出专心与坚持的重要性。目标就在那里，假若你的方向不专或不能坚持，这里弄一点，那里弄一点，既想做生意，又想读书，还想找女朋友，又怎么能实现梦想呢？

奥里森·马登指出，许多人并不缺少凌云壮志，他们缺少的是自始至终的专注力，与勇于坚持、不懈奋斗的决心。认准一件事情，坚持下去，永不言弃，你就会有意想不到的收获。

当然，坚持理想也不能盲目而行。下面是明确目标之后，坚持目标需要注意的几大要点：

要点一：告诉自己，一定要实现目标

目标明确后，一定要树立自信，要坚定信念。唯有专注于自己的目标，并有效地贯彻落实，才可能实现目标。无数经验证明，相信自己一定能实现目标，是迈向成功的第一步。

要点二：要做好充分的准备

做好准备是实现目标的重要因素。准备得越充分，你才会越有自信。只有自信满满，你才能战胜对手。

要点三：将重心放在你最擅长的地方

取得了辉煌成就的人，知道将精力放在他们最擅长的地方。当你倾尽全力地投入到所做的事情上时，你就会觉得眼前一片光明。

要点四：吸取你失败的教训

想要避免犯错误，唯一的方法就是什么都别做。很多错误的确会造成严重的后果。不过，没有失误，没有挫折，就无法成就伟大的事业。聪明的人都会从失败中吸取教训。而愚蠢的人尽管一再失败，却不能从中吸取任何教训。

要点五：抛弃逃避的想法，才能赢得自信

缺乏自信的人终日惶惶不安，实现自我肯定的机会也就十分渺茫了。有句名言说得好：现实中的恐惧，远比不上想象中的恐惧那么可怕。很多人在遇到困难时，大都考虑事物本身的困难程度，这样产生了恐怖感。然而，一旦着手解决时，就会发现，事情其实比想象中的要容易且顺利得多。

要点六：要确实遵守自己为目标所定下的条规

这是实现目标的一个重要前提，也是最简单、最有效的。这里所说的条规，泛指涉及你的健康、工作、经济等各种情况的规范。当你定下了一些条规后，你将发现，实践会令你产生自我信赖，这种自我信赖是你已经开始坦然面对自己的实证。这时，你的自信会焕发出来。随着时间的推移，这些条规会变成勇气、力量的重要保证。

总之，想要实现目标，取得成功，贵在专注与坚持。谁能自始至终地专心致志，坚持到底，谁就能实现目标。

在浩瀚无际的沙漠中，只有勇于坚持的人，才能找到绿洲，寻获水源，才能获得生机。成功的路上有激流，有风浪，有险滩，有阻碍。不过，请记住：成功是专注与坚持的结晶。不论那成功之路有多坎坷，坚持就是胜利！

目标需要行动去实现

想完全依赖别人去实现你的目标，这种想法是不切实际的。所以，你的木材还是需要你来劈，你喝的水还是要你来挑。同理，你确定的目标还得要你来付诸行动。

奥里森·马登的成功学深刻地揭示出"成功达成目标"的现实必然性和可能性，它也同样告诉了人们所必需的具体步骤。

行动是成功之母。你可以界定你的最终目标，并确立各个不同时期的小目标，然而，要是你光说不行动，一切还是无济于事。

不妨在这里设想一下，例如，你打算去欧洲旅行。

为了这件事，你为自己制订了一个格外详细的旅行计划，并且，花费了好几个月的时间来阅读你能找到的各种有关欧洲各国风土人情的资料——德国、法国、意大利等国家的历史、地理、文化、艺术……

你还研究了整个欧洲的地图，仔细研读了一些旅游指南，并为此准备了旅行的必需品（比如药品、衣物等），并制订了详细的日程表，而且，最后也已经预定了最早开往英国的船票。

总之，现在，你可以说是"万事俱备只欠东风"了。一个月后，也就是说，你预定回国的日期之后的某天，你在大街上碰到一位要好的朋友。

朋友问:"这次的欧洲之行有什么观感?"

毋庸讳言,假若你不是自欺欺人地大讲一番梦中的欧洲之行,你肯定就会说:"哎呀,我根本就没去!"

也许,你还会自我解嘲地找出一堆不能去的具体原因。

而你肯定想不到,朋友在听了你这番话后,已经对你的品行与人生态度有了看法;也许,已经对你为人处世的能力产生了怀疑。

假若有什么事业,朋友就不大可能会愿意和你合作了。

因为,实际上,与其说你是一个思想者,倒不如说你是一个空想家。

当然,但愿这仅仅是我们举的一个并不存在的例子而已。所以,请一定要牢记:没有行动的人,只知道白日做梦的人,是没有什么前途的。

终日绞尽脑汁,筹划着怎么取得巨大成就——这是好事情,不过,这无法代替实干。

实现目标的过程,是一个循序渐进的过程。不经过许多困难与挫折,轻易就能取得成功的例子,基本上是不存在的。

当我们"迂回前进"时,并不意味着改变原来的目标,只是选择另一条道路而已,而目的地是不变的。

规定一个固定的截止日期,一定要在这个日期来临之前,将你的目标完成——没有"最后通牒",你的"船"永远也不可能"靠岸"。

你应该拟订一个实现目标的可行计划,然后立即行动——你必须习惯于"行动",不能再只是"空想",也就是说,你"必须马上行动"!

在你的一生中,当"必须马上行动"的暗示从你的潜意识里闪现到你的意识里，要求你做应该做的事情时，你必须立即投入适当的行动——这是一种让你达成目标的良好习惯。

这种良好的习惯，是事业成功的有效途径，它会影响到你的日常生活，以及事业的方方面面。它能够迅速帮你完成应该做却不想做的事情；它能够让你在面对不愉快的事情时不至于拖延；它可以帮助你抓住那些宝贵的、一经失去便难以追回的时机。

拿破仑·希尔是一位成功学大师，他深受奥里森·马登的影响。而且，在现实中，在将目标化为现实方面，拿破仑·希尔更是我们的良好榜样。

1908年，年轻的希尔在田纳西州的一家杂志社工作，同时还在上大学。由于在工作上的卓越表现，他被这家杂志社派去访问"钢铁大王"安德鲁·卡内基。卡内基十分欣赏这个精力充沛、有胆识、有毅力、积极进取的年轻人。

他对希尔说道："我要你用20年时间，专门用来研究美国人的成功哲学，然后找出他们之所以能成功的答案。但是，除了为你写几份介绍信外，我不会为你做任何事，你愿意吗？"

血气方刚的希尔凭借自己的直觉，坚定地答道："卡内基先生，我愿意！"

很多年以后，希尔在一次演讲中说："请你们设想一下，全美最富有的人要我无偿为他卖命达20年之久，假若是你，你会对这个要求说YES还是NO？假若你是一个'聪明人'，面对这样一个苛刻的要求，肯定会推辞的，但我没有这么干。"

在卡内基的要求中包括了明确的目标，即研究美国人的成功哲学，及达到这一目标的年限（20年）。经过一番长谈，在卡内基的引荐下，希尔遍访了美国当时最富有的500多位杰出人物，对他们的成功之道进行了长期研究。

终于，在1928年，他完成并出版了专著《思考致富》一书。从1908年开始写作，到1928年完成并出版，正好是20年的时间。《思考致富》这本书震动了全世界，激发了成千上万的人走上成功、致富之路。

赶快行动吧！明确目标，并将它变成现实。你会发现，成功就在你的眼前。

不要刻意追求完美

许多的不公、无奈、苦闷充斥于我们的生活之中,尽管如此,许多人仍然在不停地追求完美,希望获得美好的幸福。其实,细想一下,完美与幸福并没有多大的关系,在很多情况下,追求完美往往会阻碍我们获得幸福。

奥里森·马登曾经给自己的学生讲述过一个寓言故事:一个圆的一部分圆弧被切去了,它希望自己是一个完美的圆,所以,就四处去寻找它失去的那部分。不过,由于它不是一个完整的圆,因此,它只能慢慢地、颠簸着滚动。没想到,这却使它欣赏到沿途花草的芬芳,饱享阳光的温暖,并和蚯蚓相谈甚欢。

在途中,它惊喜地发现了很多别的圆失去的部分,但却没有一片适合自己,所以,它不得不继续寻找。一天,它终于找到了自己失去的那部分圆弧,这圆弧和自己契合无比,简直就是严丝合缝。它高兴极了,因为它终于又成了一个完美的圆。

它再一次开始滚动起来,就和没有失去那部分时一样飞快地滚动,快得根本看不清花草,更别提和蚯蚓交谈了。它这才发现,在完美地滚动中,世界整个变了样,很多曾经拥有的美好东西,就这么擦肩而过了。于是，它又想方设法扔掉了自己费了千辛万苦才找回来的那部分圆弧，然后，继续慢慢地滚动着。

奥里森·马登指出：人们往往在有缺憾时拼命地追求完美，而假若拥有了完美的一切之后，反而没有了梦想，没有了渴望，也随之没有了奋斗的激情与快乐。

中国有一个成语叫"白璧无瑕"。洁白晶莹的玉，通体透明，没有一点瑕疵，的确是够美的，遗憾的是，在世界上，这样的玉可遇不可求。

人也是如此，如果过于追求完美，就会像没有瑕疵的玉一样，因为曲高和寡而不为人识，久而久之也就没有了朋友。

美丽的事物有一点不足，这在绝大多数人看来总归是遗憾。他们认为，追求尽善尽美是再正常不过的事了。不过，他们从没有想过，正是这种好像没什么要紧的态度，让他们的生活白白增加了许多的压力。

假如进一步分析，追求完美也许是一种自我保护的需要。因为，安全感是人的最基本需求之一。如果一个人缺乏自信，生活上屡屡受挫，那么，他的安全感就受到了伤害。这种伤害需要通过别的途径来加以补偿。

心理学研究表明，试图达到完美境界的人，与他们可能获得成功的机会恰恰构成反比。追求完美给人们带来莫大的压抑、沮丧、焦虑。刚开始，他们担心失败，生怕干得不够出色而郁郁寡欢，这就妨碍了他们竭尽全力去争取成功。

而假如遭遇惨败，他们就会一蹶不振，想尽快从失败的境况中逃离。他们往往不从失败中吸取任何教训，而仅仅是想方设法让自己避免尴尬的处境。

具有这种性格的人,在日常生活中通常具有以下特点:

1. 神经过度紧张,以致连一般的工作都做不好。

2. 不敢冒险,生怕任何微小的污点损害了自己的形象。

3. 不敢尝试任何新的东西。

4. 对自己求全责备,生活了无趣味。

5. 总是发现有些事情做得不够完美,因此神情紧张,终日不得放松。

6. 对他人吹毛求疵,人际关系难以协调,得不到他人的援助。

显而易见,承载着这样沉重的精神包袱,别说在事业上获得成功了,就是在自尊心、家庭、人际交往等方面,也难以取得满意的效果。他们以一种既不合逻辑又不很正确的态度对待工作与生活,他们永远无法使自己感到满足,每天都过得焦虑不安。

追求完美,害怕失败,只能让我们处于焦头烂额的境地。如何从追求完美的诱惑中解脱出来?奥里森·马登给出了建议:

正确地判断自己的潜能

既不要自视甚高,也不要妄自菲薄。有一分热,发一分光。假若你事事都苛求完美,这种心理本身就是你为人处事的障碍。此外,更不要用自己的短处去与人相比,而要用自己的长处去培养自己的自尊心、自豪感和学习能力。

重新认识"失败"与"污点"

一两次,甚至很多次的成败,并不足以说明一个人价值的高低。细想一下，假若你从没有经历过失败，你怎能真正领悟生活的真谛？也许你对此一无所知，在你的愚蠢与无知中盲目自信——成功往往使你的信念变得更加坚定，而失败则会为你带来宝贵的经验。

只有经受住失败的打击，才有可能登上成功之巅。亡羊补牢，为时未晚。更没有必要为了某个目标没有达到完美的程度而自暴自弃。因为，没有"污点"的事物根本就不存在。盲目地追求虚幻之境，到头来只能无功而返。你不妨想想："我真的能做到事事完美吗？"既然不行，那么，我们就必须果断地放弃这种想法。

为自己确立一个短期目标

找到一件自己完全有能力做好的事情，然后，用心地把它做好。如此一来，你的心情就会非常舒畅，做起事情来也会信心百倍，觉得自己更有创造力和成效。

事实上，当你不追求出类拔萃，而仅仅是希望自己表现得更好些时，你就会出人意料地取得亮眼的成绩。

确定切合实际的目标，它的好处不仅如此，它还为你提供了一个新的起点，可以让你循序渐进地抵达事业上的巅峰。同时，你的生活也会由此而变得丰富多彩，充满了人情味，而不是像你以前所想象的那么黯淡无光。

卷四

激发自身无限的潜能

原著［美］安东尼·罗宾

在安东尼·罗宾看来，我们每个人都有着尚未被开发出来的无限潜能。

潜能日夜地为我们工作着，用一种不为人知的程序，开发着你内心无穷的智慧和力量，这种智慧和力量能够将你的欲望转化为财富和地位等你迫切想要得到的东西。

人们都渴望成功，那么，成功到底有没有"秘诀"？

成功学大师安东尼·罗宾认为，所有成功者都不是天生的，成功的根源在于开发人的无限潜能。假如你怀着积极心态去开发你的潜能，你就可以得到用不完的能量，你的能力自然会越来越强。

相反，假若你怀着消极心态，从不想去开发自己的潜能，那你唯有叹息命运不公，并且越来越颓废、堕落！

实际上，我们每个人身上都有无限的潜能。

美国大发明家爱迪生说："假若将所有我们能做的事情都做出来，毋庸讳言，它们会让我们惊诧万分。"

从这句话里，不难产生这样的疑问："到目前为止，你是否让自己惊讶过？"

安东尼·罗宾读到了一件颇富戏剧性的事情，这件事情是关于战争时期一名海军士兵的经历——这位头脑冷静、思路清晰的士兵，让他身边的人无不感到惊奇。

理所当然，他在危机里表现出来的才能，也让他自己大感意外。

安东尼·罗宾所读到的这个海军水兵的故事是这样的：

卷四
激发自身无限的潜能

第二次世界大战时期,一艘美国驱逐舰停泊在某个国家的港湾里。那晚,碧空如洗,皎洁的明月悬挂在高空,四周一片寂静。一名水兵在照例巡视全舰时,突然停了下来——他看到一个乌黑的大家伙在不远的水面上晃动着。

他大惊失色,他认得出来,那是一枚触发水雷,也许是从一处雷区漂离的,正随着正在退潮的潮水慢慢向着舰身中央漂来。

那名水兵立刻抓起舱内的电话机,将情况通知了值日官。值日官立即快步跑来。他们又飞快地跑去通知了舰长,并且发出"全舰戒备"的信号,全体官兵立刻动员了起来。

官兵们都惊愕地注视着那枚慢慢漂近的水雷,大家都了解眼前的状况——灾难很快要来临了。

军官们快速提出各种对策。他们该起锚走吗?不行,没有足够的时间。发动引擎迫使水雷漂离?不行,因为螺旋桨的转动只可能让水雷更快地漂向舰身。用枪炮引爆水雷?也不行,因为那枚正在漂近的水雷太接近军舰里的弹药库。

那么,该怎么办呢?放下一艘小艇,拿一支长杆将水雷拨开?这也不行,因为那是一枚触发水雷,同时,他们也没有时间去拆下水雷的雷管。

此刻,悲剧好像无法避免。

忽然,那名水兵想出了更好的办法——这办法比所有的军官想出的办法都要好。

他大喊着:"将消防水管拿来。"

大家马上明白了，这个办法的确很有道理。

于是，他们拿着消防水管朝着舰艇和水雷之间的海上喷水，很快就制造了一条人工水流，让水雷顺着水流漂向远方，然后，再用舰炮引爆了那枚水雷。

这位水兵真是了不起。他思考力惊人，可他仍旧是个凡人。然而，他具有在危机状况下保持头脑冷静并理性思考的不凡能力。

我们每个人与生俱来就有这种能力，换句话说，我们都有创造的潜能。

不管你遇到什么样的困难或危机，只要你拥有自信，你就能够处理这些问题，化解这些危机。只要你对自己的能力抱着积极的想法，就能将积极心智的力量发挥出来，并且想出有效的对策。

不知道你是否听说过"一只鹰误以为自己是鸡"的寓言。

这个寓言是这样的：

有一天，一个喜欢冒险的男孩爬到自家养鸡场附近的一座山上，在那里，他发现了一个鸟巢。他从巢里拿出一只鹰蛋，带回了养鸡场。随后，他将鹰蛋和鸡蛋混合放在一起，让一只母鸡来孵化。于是，孵出来的小鸡群里有一只小鹰。小鹰与小鸡一块长大，因此，这只小鹰一直把自己当作一只小鸡。刚开始，它生活得非常满足，过着和小鸡一样的生活。

不过，当它渐渐长大时，它的心底里就有了一种焦灼不安的感觉。

它时不时就会想："我肯定不是一只鸡！"然而，它只是想想，却从来没有采取过任何行动。

直到有一天，一只勇悍的老鹰在养鸡场的上空盘旋，这只小鹰觉得自己的翅膀上有一股奇特的力量，感觉自己的心脏正在猛烈地跳动。

它抬起头看着头顶的老鹰，一种想法突然出现在了它的脑海里："养鸡场不是我待的地方。我要飞上青天，直冲云霄，栖息在山崖上。"

它从来没有展翅高飞过，不过此时，它的翅膀上生出了无穷的力量。于是，它展开双翅，飞到了一座山丘的顶部。它还意犹未尽，于是，它又飞到更高的山顶上，最后冲上了青天，到了高山之巅。最终，它发现了伟大的自己。

当然会有人说："那不过是个不错的寓言罢了。我既不是鸡，也不是鹰。我不过是一个人，而且是一个普通人。所以，我从来不敢奢望自己可以做出什么惊天动地的事情来。"

也许，这就是问题的所在，你从来不敢奢望自己可以做出什么惊天动地的事情。这是事实，而且，这是残酷的事实——我们只能把自己钉在自我期望的范围之内。

有一句老话说："当命运向你扔来一把刀时，你可能抓住它的刀口或刀柄。"假若你抓住刀口，它就会割伤你，甚至使你丧命；不过，假若你抓住刀柄，你就可以用它来开辟出一条全新的道路。

所以，当遭遇到大的障碍的时候，你应该抓住"刀柄"。也就是说，让挑战提高你的战斗精神。若你没有战斗精神，你就无法取得任何成就。

所以，你必须学会发挥战斗精神，让这种战斗精神来激发你内心的力量，并最终将其付诸行动。

怎样发掘自己的潜能

我们每个人的潜能都需要激发,而且,这种被激发的潜能常常具有惊人的力量。事实上,大多数人的才能都隐藏着,一定要外界施加某种力量,它才能被激发出来。一旦它被激发出来,并加以持续的关注与保护,它就会发扬光大,要不然,就会萎缩甚至消失。

安东尼·罗宾在他的著作里曾经讲过这样一个例子:

约翰·费尔德让他的儿子马歇尔去戴维斯的店里做招待员。一天,他专程去拜访戴维斯,一进门就问道:"戴维斯,这段时间我儿子表现如何?"

戴维斯一边从桌上拿起一个苹果递给约翰·费尔德,一边回答说:"约翰老弟,恕我直言,马歇尔虽然为人诚实,但是他实在没有做商人的天赋。即便在我的店里继续待下去,也不可能有什么长进。孩子还年轻,别被我耽误了。照我说,你不如给他换一份工作,说不定会好一点。比如,把他领回咱们乡下的牧场去,让他学养牛吧!"

假若马歇尔继续留在戴维斯的店里做伙计,那么,他以后绝不可能成为闻名天下的大企业家。但是,他随后到了芝加哥,看到在他身边有许多穷人家的孩子做出了伟大的事业,他的志气突然也被激发起来——他要做一个了不起的大企业家。

他问自己："为什么别人能干出一番大事业，而我不能呢？"

事实上，马歇尔天生具有做大企业家的天赋，不过，此前，戴维斯店铺里的环境无法激发他潜伏着的才能，无法将其潜藏着的能量发挥出来。

美国大发明家爱迪生说："我最需要的就是有人让我去做我力所能及的事情。去做力所能及的事情，是激发人的潜能的最好方式。拿破仑一世、林肯总统未必能做到的事情，而我可以做到。只要尽最大的努力，将自己所具有的才能充分施展出来，这就足够了。"

美国西部某市里有一位法官，他直到中年时期还是大字不识一个的铁匠。现在，他已经60岁了。他拥有着全城最大的图书馆，获得了许多读者的赞赏。大家都说他学识渊博，是一个为民众谋福利的好法官。

这位法官唯一的希望，就是让他的同胞们识文断字，学习文化知识。不过，他自己并没有接受系统的教育。那么，为什么他会产生这样的远大抱负呢？原来，他仅仅是听了安东尼·罗宾的一次关于"潜力之价值"的演讲。结果，这次演讲唤醒了他潜伏着的欲望，激发起了他的无限潜能，从而让他做出了一番伟大的事业。

在现实生活里，尽管我们每个人都具有无限的潜能，但是，大多数人还是碌碌无为地度过了一生。难道命中注定他们只能是普通人吗？答案是否定的。

我们都有这样的体会，在成长过程中，因为经常遭到外界太多的批评、打击和挫折，时间一长，我们身上原有的奋发向上的激情就被浇灭了，大胆开拓的思维被封杀了。随后，我们变得对人生之路惶恐不安，对碌碌无为习以为常。渐渐地，我们丧失了信心、勇气、斗志，养成了自卑、狭隘、犹疑、不思进取、不敢拼搏的精神状态，生命因而变得乏味而缺乏生气。

这是我们自己的悲哀。

实际上，我们的志气与才能，和那些成功人士并没有什么不一样，最初的时候，都是深深地潜伏在身体的某个角落里的。只不过，成功人士的幸运在于其潜能得到了开发，并且加以关注和培养，才造就了他们灿烂的人生。

因此，要想获得成功，我们就一定要尽早地激发自己的潜能。不管在什么情况下，都要不惜一切代价走入一种可能激发你的潜能的氛围中，走入一种可能激发你走上自我发现之路的环境里。

试着接近那些了解你、信任你、鼓励你的人，学习他们的高远志趣，了解他们的远大抱负，将会使你在潜移默化中受到感染。说不定哪一天，你将会发现，自己真的不是一个普通人。那么，恭喜你，你的潜能已经被激活了，剩下的就是把这种潜能发扬光大，从而建功立业、实现抱负。

潜能的开发常常产生在不起眼的事情上，机会的到来常常是由于偶然的发现。行动激发潜能，但只有成功的欲望，却不能保证一定会取得胜利。所以，你必须立刻行动，自强自立，自己激发属于自己的那一片沃土——潜能。

因此，实践是最重要的，人一旦下定决心立刻去行动，常常会将潜能激发出来，常常会令最热切的梦想变为现实。

想象力能让你创造奇迹

我们每个人都具备丰富的想象力,虽然它可能在量上有所不同,但是,在质上并无差异。假若一个人缺乏想象力,那么,他的工作与生活就会了无趣味。那么,到底什么是想象力呢?

想象力,就是在知觉材料的基础上,经过新的组合、配置而创造出新形象的能力。想象力是我们每个人都拥有的宝贵财富,也是我们每个人在这个世界上唯一能够自己绝对控制的东西。

假若我们正在想象自己用某种方式来做事,那么,我们实际上在心中也已经这么演练过一遍了。想象给我们提供的心理实践,能够促进我们的行为日臻完善。

通过一个人为控制的实验,心理学家凡戴尔证明:让一个人每天坐在靶子前面想象着他对着靶子投镖。经过一段时间后,这种心理练习几乎和实际投镖练习一样,能提高命中的准确性。

《美国研究季刊》曾报道过一项实验,证明想象练习对改进投篮技术的良好效果:

第一组学生在20天内每天练习实际投篮,将第一天和最后一天的成绩记录下来;

第二组学生也记录下第一天和最后一天的成绩，但在这段时间里不做任何练习；

第三组学生记录下第一天的成绩，然后，每天花20分钟做想象中的投篮。假若投篮不中时，他们便在想象中做出相应的纠正。

实验结果：

第一组每天实际练习20分钟，进球率增加了24%；

第二组由于没有练习，也就毫无进步；

第三组每天想象练习投篮20分钟，进球率增加了40%。

查理·帕罗思在《每年推销两万五》一书中，讲到底特律的一些推销员利用一种新方法让营业额增加了100%，纽约的另一些推销员则增加了150%，其他一些推销员使用同样的方法，则让他们的营业额增加了400%！

推销员们使用的所谓"魔法"，实际上就是所谓的"角色扮演"。

它的具体做法是，想象自己所处的种种不同的销售环境，然后，逐一找出应对方法。一旦现实中出现了预期中的销售情况时，自己应当注意该说些什么、该做些什么。

通过这种奇特的训练，一些卓有成效的推销员取得了良好的业绩。理所当然地，这里面也包含着想象力的功劳。

自古以来，许多成功者都曾自觉或不自觉地运用想象力练习来完善自我，获得成功。

在统帅大军横扫欧洲之前，拿破仑曾经在想象中演习了多年的作战方法。

韦伯和摩尔根在《充分利用人生》一书中说：拿破仑在大学时所做的阅读笔记，经后人整理出版时，竟多达满满的400页。在这些笔记里，他将自己想象成一个司令，并画出故乡科西嘉岛的地图，经过精确的数学计算后，标出他可能布防的各种情况。

世界旅馆业巨头康拉德·希尔顿在拥有一家旅馆之前，也很早就想象着自己在经营旅馆。当他还是一个小孩子的时候，就常常扮演旅馆经理的角色。

亨利·凯瑟尔说过，在自己事业上的每一个成就实现之前，他都早已在想象中预先实现过了。这真是奇妙之极！

难怪人们过去总是将"想象"和"魔术"联系起来。想象力在成功学中确实具有难以预料的魔力。

既然想象力的作用如此之大，那么，我们又该如何发挥想象力呢？

在这方面，安东尼·罗宾的成功学给我们指出了一条康庄大道。

它的主要做法如下：

预见性想象力（即想象力的超前性练习）练习一

在进行想象力练习时，应该首先练习自己的超前想象力，即通过科学的想象，培养自己对未来事件进行正确预见的能力。超前想象力的练习办法如下：

在对目前市场状况进行综合分析的基础上，预见到市场将要出现的某种变化。要明白，一切事物的静止总是相对的，而变化则是绝对的。

在预见到市场将要出现的变化时，真切地在大脑中设置某种场景，并同时注意自己正在干什么。

在迈向成功的每一个阶段，你都应该根据自己所掌握的信息，结合市场状况，构想出自己将要面临的处境，在你的大脑中设计出好的办法。

预见性想象力对事业、生活成败的影响是显而易见的。

一个错误的决定往往与你的预见不足有关，而一个正确的预见则能够帮助你捷足先登。

曾经让整个欧洲为之疯狂的"电脑大王"海因茨·尼克斯多夫，就是用他的超前想象力先声夺人而取胜的。

海因茨原在一家电脑公司里当实习员，搞一些业余研究，却一直不被公司接纳。于是，他外出兜售自己的研究成果。

最终，他得到了莱因－斯特法伦发电厂的赏识。这家电厂预支了他三万马克，让他在这家电厂的地下室里设计两台供结账用的电脑。

没过多久，他就取得了成功，研制出了一台价格低廉、操作方便的820型小型电脑。因为当时的电脑都是庞然大物，只有大企业才用得起；所以，这种小型电脑一问世，就引起了轰动。

那么，他为什么要研制这种微型电脑呢？他自己的回答是"我提前看到了电脑的普及化趋势，正因为看到了市场上的空隙，我意识到了微型电脑进入家庭的巨大潜力"。

在他那预见性想象力极强的大脑中，他甚至"看到"每个工作台上都有一台电脑。可以说，正是这种预见性想象力使他取得了成功，并成为巨富。

预见性想象力练习二

预见性想象力在成功之路上的发挥，还有一套尚未引起人们足够重视的运作方法，这种运作方法要求经营者：

重视所能获得的各种信息，并进行正确的综合分析和判断，预见其商业价值。

及时证实某条信息的可靠性，估量它对成功目标的影响程度。

当你确定注意到了这一征兆时，你就应该马上动手拟订应对方案，并且付诸实3施。

换句话说，要善于通过大量信息，准确、及时、科学地分析机遇到来的各种征兆，并且加以利用，从而获得事业上的成功。

菲力普·亚默尔对预见性想象力的妥善运用，曾经帮了他所经营的美国亚默尔肉食品加工公司的大忙。

一天，菲力普对在当天报纸上偶然看到的一条新闻兴奋不已：墨西哥发现了类似瘟疫的病例。他立即联想到：假若墨西哥真的发生了瘟疫，那么，瘟疫就一定会传染到与它相邻的美国的加利福尼亚州和得克萨斯州，而从这两州又会传染到整个美国。实际上，这两个州正是美国肉食品供应的主要基地。如果真是这样，那么，美国的肉食品一定会大幅度涨价。

于是，菲力普立刻派医生去墨西哥考察证实，并马上集中全部资金购买了邻近墨西哥的两个州的牛肉和生猪，并且及时运到东部去。果然，瘟疫不久后就传到了美国西部的几个州。美国政府下令，禁止外运这几个州的食品和牲畜，一时间，美国市场肉类奇缺，价格暴涨。

菲力普在短短的几个月里，就净赚了900万美元。

在这个成功的案例中，菲力普运用的信息，是偶然读到的一条新闻，并运用了自身所具有的地理知识：美国与墨西哥相邻的是加利福尼亚州和得克萨斯州，而这两个州是全美主要的肉食品供应基地。

此外，按照常规，当瘟疫流行时，美国政府一定会下令禁止食品外运，禁止外运的后果必然是市场肉类供应奇缺，且价格猛涨。

不过，是不是要禁止外运，则取决于是不是真的发生了瘟疫。所以，墨西哥是不是发生瘟疫，是肉类是不是奇缺、价格是不是会猛涨的前提。所以，这之前，精明的菲力普马上派医生去墨西哥验证那条新闻的可靠性。正因如此，他才获得了900万美元的利润。

这一过程可以概括为两点：第一，报纸对墨西哥瘟疫流行的报道；第二，派医生去墨西哥验证这一消息。

类似菲力普这样凭借预见性想象力走向成功的实例，在商界俯拾即是。这大概就是人们所说的"机遇"。

在我们四周，不是有很多人都在抱怨自己怀才不遇吗？那就请不失时机地运用预见性想象力吧——对我们的大脑而言，只有不断使用预见性想象力，才能变得更加灵敏。

要明白，预见性想象力具有使你一夜暴富的神奇魔力。

伟大的潜意识

潜意识是你内心的海洋。它汇集了一切思想感情的涓涓细流，容纳了各种心态、观念所组成的山川、江河，它是形成你一切思维意识的源泉。

众多周知，是奥地利精神分析学派创始人弗洛伊德，第一个全面地分析研究了潜意识这种心理活动状态。他曾经用海上冰山来形容潜意识。

在他看来，浮在海平面上能够被人看见的冰山一角，是意识；而藏在海平面下，人们看不见的、更大的冰山主体就是潜意识，而潜意识才是人类精神活动最为重要的部分。

不仅如此，他还认为，人的性欲冲动（力比多）是众多潜意识的真正推动力。所以，整个人类文明的结构，都不过是这种潜意识里的性欲冲动的结果。

抛开这个理论的极端偏颇之处不论，不管怎样，他最起码看到了潜意识在人类精神活动中的重要性。

一般来说，从功能上讲，潜意识具有下面的六大特点：

一、"记忆银行"

潜意识就好像一个无比巨大的"银行"或"仓库"，它能够存储人生所有的思想与认识——人从生到死的耳闻目睹、感悟体验等一切自己可以意识到的东西，都能够进入人的潜意识，并被存储起来。

人类生活中的习俗、观念、人物景象、他人的一些思维习惯与行为特点等，时常不经过人的明显的意识记忆，不知不觉地直接进入人的潜意识里，并被存储起来。所谓"近朱者赤，近墨者黑"，就是潜意识吸收与反馈的结果。

二、自动排列组合并分类

潜意识把存储的复杂的东西，进行自动的重新排列组合、分类，以随时应付各种需要。

人们之所以会做梦，就是潜意识的一种自动排列组合的反映。当我们思考某个问题时，和这类问题有关的潜意识就可能被我们唤醒，从潜意识里升到意识中来为思考服务。

而和思考问题没有关系的潜意识，通常情况下不会被唤醒，它就老老实实藏在潜意识的深处。而大脑功能紊乱的"神经病"，就是潜意识的排列组合混乱无序造成的。

三、潜意识的"密码"性和"模糊"性

"密码"在这里指潜意识的唤起，必须有特定的情景或特定的意识指令才行。"模糊"指存入大脑的潜意识已经变成了我们无法认识的模糊的"代码"，只有通过意识的重新"翻译"，才能变得清晰起来。这个过程速度之快，我们几乎无法察觉。

当我们要思考、回想一件事的时候，比如，我们想要回忆起少年时代一件成功的往事，我们就会给潜意识下了一个特定的指令，于是，这方面的潜意识很快便会被唤起，并经过意识的"翻译"而栩栩如生地重现出来。

在某种特定情景的刺激下，一些相对应的潜意识有时候会在我们的脑海里自动地重现出来；比如，当你看到电影里的接吻场面，你的潜意识中的某些相关的记忆就有可能闪现在脑屏幕上，和电影中的场面交相辉映。

四、直接支配人的行为

人的一些习惯性动作、行为，以及一些自己没有意识到的行为，实际上都是在潜意识的支配下产生的。

一些人遇到难题，立刻会想到"挑战"，想到"解决办法"，行动也随即加紧跟上。另一些人遇到难题，则会不自觉地甚至不加思考地就想到"后退"，想到"失败"，而且，也在行动上退却了。这就是过去不同经验的潜意识在起作用。

五、自动解决问题

当我们冥思苦想某一难题，并且一时得不到解决时，我们或许会暂时停下来，去做别的事。结果，突然有一天，答案的线索，甚至完整的答案突然从你脑中"跳"了出来，你不禁惊喜万分。其实，这就是潜意识在自动地替你思维解决问题。

所谓的"灵感"，就是潜意识的自动思考功能的体现。

六、超感和直觉

据说，美洲印第安人可以从马蹄印迹里判断马走了多远，这种超感和直觉，事实上是长期和马、马蹄痕迹打交道形成的经验性潜意识的反映。

同理，母亲对婴儿的某些直觉，也是长期和婴儿生活在一起的习惯性潜意识的直接反映。

人从在母亲的子宫里开始，潜意识就开始形成了：父母的期望与教诲，家庭环境的影响，学校的教育，从小到大的阅历，一切影响你的外部思想观念、意识，你自己内部形成的观念、意识、情感，包括积极、正面的意识情感与消极、负面的意识情感……这些统统都会在你的潜意识里汇集、沉淀、存储起来，形成一个极为丰富的内心世界和灵魂。

毋庸置疑，潜意识是我们形成新的思想、智慧、心态，取之不尽、用之不竭的素材与信息来源。

潜意识包罗万象，无比神奇，那么，你又该怎样来训练、开发和利用它呢？

安东尼·罗宾的成功学在这里为你提供了一些可以借鉴的方法：

训练开发潜意识无限存储记忆的功能，可以锻炼你的聪明才智。

假若你想要建造一座高楼大厦，就一定要储备好所需的建筑材料、装饰材料、建筑技能、设计知识和各种建筑机械，以及指挥管理技能，等等。

对一个追求成功和卓越的人来说，你应该不断地学习新东西，给潜意识灌输更多的基本常识、专业知识、成功知识和相关的最新信息。

人常说："处处留心皆学问。"你想要大脑更加聪明，更加富于智慧，更加富于创造性，就一定要给潜意识输入更多的相关信息。

为了让你的潜意识存储功能更加有效率，你需要采取一些辅助手段帮助存储。

比如，重要资料重复输入、重复学习、增加记忆功能、建立看得见的信息资料库——分类保存图书、笔记、日记、剪报、电脑软盘等，以便促使潜意识为你的创造性思维和聪明才智服务。

训练你对潜意识的控制能力，使它为你的成功服务，而不是将你引向失败。

因为潜意识不分好坏，也不分积极消极，好的坏的统统吸收，常常跳过意识而直接支配人的行为或直接构成人的各种心态。因此，可以说，"成也潜意识，败也潜意识"。

所以，你需要不断地训练自己，努力开发、利用有益的、积极的潜意识，对可能导致失败的、消极的潜意识加以严格控制。具体来说，也就是珍惜原来潜意识里的积极因素，并且不断输入新的、有利于成功的信息资料，让成功的积极心态占据统治地位，让它变成最具优势的潜意识，甚至变成支配你行为的直觉习惯与灵感。

另外，对一切消极、失败的心态信息，要严格进行控制，别让它们随便进入你的潜意识里，遇到消极思想信息时，你可以采取两种应对办法：

1.立刻抑制它、回避它，别让它们污染你的大脑。对过去无意中吸收的消极、失败的潜意识，永远不要提起它，让它被遗忘，让它沉入你的潜意识的"海底"。

2.进行批判分析，化腐朽为神奇。用成功、积极的心态来对失败、消极的心态进行分析批判，使之化害为利，令消极的潜意识像野草转化为肥料一样，成为有益于你成功的卓越的思想。

开发、利用潜意识自动创造思维的能力，不但能帮助你解决问题，并且，还能帮你获得创造性灵感。

潜意识中蕴藏着你一生有意无意地感知、认知的信息，它们可以自动地排列、组合、分类，并产生一些新的意念。因此，你能够给它指令，将你的成功梦想或所碰到的难题化成清晰的指令，通过意识转入潜意识里，然后放松自己，等待它给出的答案。

比如，反复下达这样的指令：我应该怎样开辟这种新型营养品的市场呢？

另一方面，你还能够将指令由大化小：我开辟市场的第一步应该如何走？

有很多人曾绞尽脑汁思索一个问题，结果，在梦中，或是在早晨醒来，或是在洗澡时，或是在走路时，突然从大脑里蹦出了灵感或答案。例如，古希腊物理学家阿基米德，就是在洗澡时灵感迸发，发现了著名的浮力定律。

由此看来，只要你用心思考，潜意识随时都会跳出来帮你解决问题。所以，当你在思考的同时，应准备好记事本，以便一旦灵感从潜意识里出现，就马上记下来。

冲破自己设置的"心理牢笼"

"心理牢笼"是世界上最难攻破的东西,然而,要牢记,每个人都有攻破"心理牢笼"的潜力——只要你有这个勇气。

安东尼·罗宾的著作中曾提到一个长发公主的故事,主人公叫雷凡莎,她长得非常漂亮,而且有着一头长长的金发。雷凡莎自幼被囚禁在一个古堡的塔里面,塔里有一个老巫婆,她天天对着雷凡莎念咒语,诅咒雷凡莎长得奇丑无比。

一天,一位年轻英俊的王子从塔下经过,被雷凡莎的美貌迷住了。从此以后,他天天都要从这里经过,以解相思之苦。雷凡莎从王子的眼睛里发现了自己的美丽,也发现了自己的自由和未来。终于,有一天,她放下了头上长长的金发,让王子攀着她美丽的秀发爬上塔顶,将她从塔里救了出来。

与此同时,老巫婆也销声匿迹了。原来,那个老巫婆不是别人,而是雷凡莎内心深处的迷失自我的魔鬼,之前,她轻信了魔鬼的话,真的觉得自己长得很丑,不敢见人,就将自己囚禁在了塔里。

古代的哲人说得好,"别完全相信你听到的一切,也别因他人的议论而妄自菲薄",否则,就会陷入自卑的"心理牢笼"。雷凡莎公主对巫婆的话信以为真,常常对自己说:"我长得很丑,我见不得人,别人看见我会恶心、会害怕。"正是这些下意识的语言暗示,让她陷入了自卑的"心理牢笼"。

我们常常会发现一些人很自卑,除了喜欢拿别人的优点、长处和他们自己的缺点、短处相比较外,另一个原因可能和雷凡莎一样,喜欢轻信那些原本不需要相信的话,也看不到自己身上蕴藏着的无限潜力,时间一长,就变得丧失信心,精神萎靡,不知不觉间就为自己营造了一个自卑的"心理牢笼"。

人的心理牢笼五花八门,千奇百怪,不过,有一点是相同的——所有的"心理牢笼"都是人自己造出来的。

就拿自寻烦恼来说吧。有人总是对自己的过失后悔不已;有人总是念叨自己命运坎坷,并且受到了不公正待遇;有人对生活和疾病带来的苦恼念念不忘……久而久之,就潜移默化地将自己囚禁在"心理牢笼"里。

自寻烦恼有很多种,其中之一是将自己不懂的东西塞满自己的脑袋,让自己陷入痛苦、紧张的情绪之中,终日惶惶不安。

现实生活里,有许多人喜欢将一些不相干的东西与自己联系在一起,久而久之就造成了心理障碍。殊不知,不懂的东西,是自己没有理解、掌握,因而也就无法得心应手地运用。如果盲目地相信一些毫无根据的感觉,就会让自己失去理智的判断能力,最后,被囚禁的只能是自己。

人的一生充满许多坎坷、困惑、迷茫、愧疚、无奈,一不留神,你就可能被自己营造的"心理牢笼"所监禁。

　　建造"心理牢笼"既不花钱，也不费力，一瞬间就可以建造出来。所以，"心理牢笼"对人的健康危害极大。有许多心脏病患者，之所以患病大都与心理有关，严重者还会精神失常，甚至自杀。

　　有人说，"心理牢笼"是很难攻破的。这话只说对了一半，我们还应该明白，人的"心理牢笼"既然是自己营造的，人就具备冲出"心理牢笼"的能力。这种能力就是精神意志的力量，只要善于运用这种力量，就可以冲破一切"心理牢笼"！

卷五
勇于挑战自我

原著 [美] 威廉·丹佛

挑战自我

许多时候,成功的机遇很可能会主动地落到我们头上,就看我们是不是能够及时将其抓住。不过,那些注定将成功的人,则往往不会坐等这种机遇降临在自己头上,他们通常会自己主动去捕获机遇——冒险,就是他们捕获机遇最好的工具。

别抱怨生活的不公平,机会是均等的,只不过,有的人有能力抓住,有的人却不敢去抓。甚至,有的人甘愿与它失之交臂。那些成功者自然是捕捉机遇、创造机遇的高手,而且,他们惯于在风险中捕获机遇!

机遇常与风险相伴而生。一些人看见风险就望而却步,再好的机遇也只能被他们白白丧失。这种人常常在机遇来临之时瞻前顾后、举棋不定,结果往往一事无成。

威廉·丹佛尽管不赞成赌徒式的冒险,不过,他认为,一切机会都有一定的风险性。而由于怕冒风险,所以连机遇也不要了,那无异于因噎废食。

威廉·丹佛如此教导年轻人:"彻底地研究实际情况,在心里想象你可能采取的各种方案,以及每一种方案可能产生的后果。选择一种最可行的方案,然后,放手去做。假若我们要一直等到完全确定后再开始行动,那一定难成大事。

"每种行动都可能会遇到阻碍,每个决定也都可能夭折,不过,我们千万不能因此而放弃了所要追寻的目标。一定要有冒险犯错、面对失败甚至耻辱的勇气,哪怕是走错一步,也永远胜于在原地不动。你只要向前走,就能够矫正你的方向;假若你抛下锚,或站着一动不动,你的导引系统就不会牵着你向前走。"

最有希望的成功者并不都是才华出众的人,而是那些最善于利用每一个时机去发掘、开拓的人。他们在机遇里看到风险,更在风险里逮住机遇。

威廉·丹佛曾经深入研究过美国金融大亨摩根的发迹史,结果发现,摩根就是一个善于在风险中抓住机遇的人。

摩根诞生在美国康涅狄格州哈特福的一个富商家庭里——摩根家族在1600年前后,就从英格兰迁往美洲大陆。最初,摩根的祖父约瑟夫·摩根开了一家小小的咖啡馆。积累起一定的资金后,约瑟夫又开了一家大旅馆,既炒股票,又参与保险业。

摩根的父亲吉诺斯·摩根则以开菜店起家,后来,他与银行家皮鲍狄合伙,专门经营债券和股票生意。生活在传统的商人家族里,受到了特殊的家庭氛围与商业思想的熏陶,摩根年轻时就敢想敢干,非常富于商业冒险和投机精神。

1857年,摩根从德国的哥廷根大学毕业后,进入邓肯商行工作。一天,他去古巴的哈瓦那为商行采购鱼虾等海鲜,在归来途经新奥尔良码头时,他下船在码头一带兜风。突然,有一位陌生人从后面拍了拍他的肩膀,说道:"先生,想买咖啡吗?我半价卖给您。"

"半价?什么咖啡?"摩根疑惑地盯着那个陌生人。

那个陌生人立即自我介绍说:"我是一艘巴西货船的船长,为一位美国商人运来了一船咖啡,可是货到了,那位美国商人却已破产了。这船咖啡只好留在这里……先生!假如您买下来,等于帮了我一个大忙,我情愿半价出售。不过有一条,一定要现金交易。先生,我看您像个生意人,才贸然来问您。"

摩根跟着那名巴西船长一道看了看咖啡的货样,觉得这船咖啡的成色很不错。一想到价钱这么便宜,摩根就不假思索地决定,用邓肯商行的名义买下这船咖啡。然后,他兴致勃勃地给老板邓肯发去电报,但是,邓肯的回电是"不准擅用公司名义!马上撤销这笔交易"。

摩根对此特别生气,他也觉得自己的确有些太冒失了,邓肯商行毕竟不是自己家开的。从此以后,摩根就产生了一种强烈的愿望,即开自己的公司,做自己想做的生意。

进退两难之际,摩根只好向自己远在伦敦的父亲求助。他的父亲吉诺斯回电,同意摩根用自己伦敦公司的资金偿还挪用邓肯商行的欠款。摩根大为振奋,索性放手大干一番。在巴西船长的引荐下,摩根又买下了其他船上的咖啡。

摩根初出茅庐,就做了这么大一笔买卖,不能不说他具有很强烈的冒险精神。而且,上帝也似乎对他钟爱有加,就在他买下这批咖啡后不久，巴西就出现了罕见的严寒天气。如此一来，咖啡大为减产。很自然地，美国市场咖啡价格飞涨，摩根因此大赚一笔。

从这起咖啡交易中，吉诺斯认识到，自己的儿子是个商业奇才，就花了好大一笔钱为儿子筹办起了摩根商行，供他施展经商的才能。摩根商行设在华尔街纽约证券交易所对面的一幢大楼里，这个位置对摩根后来叱咤华尔街，乃至左右世界风云起了难以想象的积极作用。

这时，已经是1862年，美国内战正打得不可开交。林肯总统颁布了"第一号命令"，实行了全军总动员，并下令陆海军对南方展开全面进攻。

一天，一位华尔街投资经纪人的儿子克查姆——摩根刚刚结识的朋友——来和摩根聊天。

"我父亲最近在华盛顿打听到，北军伤亡惨重！"克查姆神秘兮兮地告诉他的新朋友，"假若有人大量买进黄金，汇到伦敦去，肯定可以大赚一笔。"

对商业动向极其敏感的摩根自然心动了，于是，他提出与克查姆合伙做这笔生意。

克查姆血气方刚，跃跃欲试，他将自己的计划告诉摩根："我们先和皮鲍狄先生打声招呼，通过他的公司与你的商行共同付款的方式，购买450万美元的黄金——当然，要秘密进行；然后，把买到的黄金一半汇到伦敦，交给皮鲍狄，剩下一半我们留着。等到皮鲍狄用黄金汇款的事情泄露出去，而北方军队又战败时，黄金价格肯定会暴涨；到那时，我们就堂而皇之地抛售手里的黄金,肯定会大赚一笔!"

摩根迅速地估算了这笔生意的风险程度,爽快地答应了克查姆的提议。

一切按计划进行着,就像他们料想的一样,秘密收购黄金的事情因为汇兑大宗款项而走漏了风声,社会上流传着大亨皮鲍狄购置大笔黄金的消息,"黄金非涨价不可"的舆论四处传播。于是,美国很快形成了一股争购黄金的风潮。

如此一来,黄金价格飞涨,摩根见到时机成熟,就迅速地将手中所有的黄金都抛售出去,借机狠赚一笔。

这时的摩根虽然年仅26岁,但他那闪烁着蓝色光芒的眼睛看上去令人觉得深不可测;再搭上短粗的浓眉、胡须,会让人感觉到他是一个心思缜密且老谋深算的人。

之后的一百多年间,摩根家族的后代都秉承了先祖的遗传,不断地冒险,不断地投机,不断地聚敛财富,最终打造出了一个实力雄厚的摩根帝国。

机遇常常有,不过,往往掺杂在风险里,想要捕获它,就要看你有没有勇气去冒这个险。

如果你想成就一番惊天动地的事业,取得一番轰动世界的成功,就要胆大心细,在不违背社会良知和政治法律制度的前提下,敢于冒最大的风险。

威廉·丹佛指出,你必须为成功而冒险,就像你一定要为失败而冒险一样。假若你企图逃避，或被压垮，你就输了。

在一定程度上，生活就是一场博弈。敢冒最大的风险的人，在商场上才能赚到最多的钱，在事业上才能取得最大的成功，才有可能实现人生的最大价值。

努力，再努力

1918年，在艰难的第一次世界大战期间，威廉·丹佛对他的战友（第六工兵营的诺曼上校）的行事方式赞叹不已。

起初，他对诺曼上校并不很了解，直到在美国他听到了诺曼上校和他的儿子们告别时的谈话，威廉·丹佛才深刻地认识到了诺曼上校那特有的行事方式的价值。

诺曼说道："孩子们，你们要挑战自己。挑战自己，这能够赋予你们做一切事的能力！"

他发觉孩子们都已经受到了鼓舞，就既兴奋又严肃地继续说道："孩子们，你们命中注定是斗士、是战士；既然如此，你们就不会因为以前的自卑与胆怯而对战斗心生恐惧，也不会故意躲着别人。逃离人生的战场并不是勇者的行为。你，你们，有做好任何事情的能力。我是你们的父亲，深知这一切，因此，你们可以相信我的话。你们更要相信自己！

"你们知道自己将会成为什么样的人，将可以去什么地方。只要你们敢闯敢干，就不会有什么困难能够阻挡你们。你们必定有充满光明的前景。在通往成功的道路上，有时，道路会有些狭窄、有些拥挤，危机时常会像脱轨的火车一样呼啸而来；失望、恐惧、无助，躁动不安，死一般的沉寂,这些人生的灰暗时刻会不时搅扰你们。

"怎么办,孩子们?是望而却步还是奋勇向前?我是你们的父亲,不会眼睁睁地看着你们任何时候都死命往前冲,不,必要的时候,向后退几步是很有益的。我仅仅想说:战斗、勇敢地战斗,是你们取得成功的唯一方式。遇到困难要奋起抗争,快要成功时要义无反顾地勇往直前,已经胜利了要再接再厉、永不止步。总而言之,孩子们,请你们牢记父亲的一句话:勇于挑战任何事物,勇于接受任何挑战。这样的人,一定是社会精英、人类的勇士。去勇敢地拼搏吧,你们一定会成功的!"

成功人士一定是勇敢的人,而所谓勇敢的人也一定是一个既敢想又敢干的人。

威廉·丹佛的好友戈登·菲利普,告诉过他一个有关加拿大电车司机的事。

第一次世界大战时,有一位电车司机因缘际会被任命为某集团军的司令,这个司机原来并不知道自己智慧过人,不过,事实上是真的。等他知道了这一点后,他就立即采取行动,完成了在旁人看来根本不可能的事情——从普通的电车司机变成了军队的司令。

很久以前,一个年轻人在铁路上做养路工。他一丝不苟的工作态度,让他有了去运输办公室工作的难得机会。后来,一位高级主管让这位刚得到晋升的年轻人帮他找一些重要数据。虽然这个年轻人对查询和整理账簿之类的事情一窍不通,可是他善于学习,而且有一股不服输的拼劲,他连着忙活了三天三夜,最终,保质保量地完成了主管交给他的新任务。

从此以后,他逐渐养成了处理那些自己看似不懂,但实则很重要的事情。经过一段时间的学习与研究,他工作的业绩和能力得到了大幅度的提高。这为他承担更重要的工作铺平了道路。后来,他成了一家跨国公司的副总裁。

威廉·丹佛说,像这样的普通人之所以能够成功,就是因为他们发现了自己原本就具有的行事能力,并且充分地依靠了它。

让自己变得更强大

威廉·丹佛在他的著作中提到过这样一个故事：

一个伐木工人在伐木场里有一份不错的工作。他决定好好表现，干好这份工作。上班第的一天，老板给了他一把斧头，让他到森林里去砍树。这个工人干得很卖力，短短一天时间，他竟然砍倒了19棵大树。老板对他的表现非常满意，一个劲称赞他干得好。这个工人听了老板的话后非常兴奋，于是干活时就更加卖力了。

第二天，这个工人仍旧拼命地工作。他的腿因站得太久而又酸又疼，胳膊也累得抬不起来了，然而，这样卖力地干，并没有产生更好的结果。他觉得，自己比第一天时还要累，用的力还要大，可第二天才砍倒了16棵树。

这个工人想，或许我还不够卖力，假如我的业绩下降，老板一定会认为我在偷懒，因此，我要更加卖力才行。第三天，这个工人投入了双倍的热情去砍树，直到累得实在动不了了才住手。然而，让他沮丧的是，他仅仅砍倒了12棵树。

这个工人很实诚，他觉得羞愧难当——自己拿着老板给的高薪，业绩却越来越少。他主动去向老板道歉，说明了自己的工作情况，并诚恳地自我检讨说："我太没用了，越是卖力干，取得的成绩越少。"

老板听了他的话后，微笑着问："你多久磨一次斧头？"

这个工人一下子愣住了，他不无怨气地说："我将所有的时间都用在了砍树上，实在没有工夫去磨斧头啊！"

这个故事的道理很浅显：埋头苦干是非常好的做事态度。不过，埋头苦干并不等于一味蛮干。我们要明白，并不是你只要花费了许多时间，事情就会自然地得到解决。无数鲜活的实例告诫我们：不能不做事，也不能只做事。做事时，我们一定要注意方式与方法。

有一种观点叫作 7+1＞8。

也就是说，7个小时的学习，加上1个小时的锻炼，其效果绝对大于8个小时的学习效果。

这也是经过科学证实的一个道理。道理很简单，一个人身体恢复了活力，状态变好了，学习效率自然会大幅提高。

人们常说，身体是一切的根本。的确，没有一个好的身体，一切都会失去意义。假如你想要拥有成功的人生，首先就要养好自己的身体，并保持身心健康。

"健全的心灵寓于健康的身体。"这句格言能够追溯到罗马时代，而且历久弥新，到今天仍然适用。

假若你想要成功，想要实现自我价值，你就必须养成健康的体魄。作为人生目标实施主体的你，不应让身体状况欠佳而阻碍了你梦想的实现。

健康不佳会影响你的决策能力，因为，想要达到一个高远的目标，需要你花费许多的耐力和体力，你的不良的健康状况则会迫使你选择前进。即便这种影响仅仅是在潜意识里，最终也会让你的决定不够严谨，进而影响到许多人的工作。

为了健全的心灵，为了达到成功的彼岸，请保持身体健康吧！

勇于创新

首先,让我们来搞清楚"创新"的含义。

许多人都将创新理解为电或脊髓灰质炎疫苗的发现,或小说创作,或彩色电视机的发明……没错,这些都是创新的结果。不过,创新不是某些行业专有的,也不仅仅是具有超常智慧的人才具备的。

那么,到底什么是创新呢?

一个低收入的家庭通过制订完善的计划,让孩子可以进入一流的大学,这就是创新。

一个家庭设法让附近脏乱的街区变成邻近最美的地区,这也是创新。

想法子简化资料的保存,或向"没有希望"的顾客进行成功的推销,或让孩子做有意义的活动,或让员工真心喜爱他们的工作,或防止一场争执的产生……这些都是很实际的、每天都会发生的创新的例子。

什么叫创新?《伊索寓言》里的一个小故事对此做出了非常形象的解答:

一个暴风雨日子,一个穷人去一个富人家里要饭。

"滚开!"仆人说,"别来烦我们。"

穷人说:"只要让我进去,在你们的火炉上烤干衣服就行了。"

仆人觉得这不需要花费什么，就让他进去了。

这个穷人进入厨房后，乞求厨娘给他一个小锅，以便让他煮点"石头汤"喝。

"石头汤？"厨娘惊讶地反问道，"我倒想瞧瞧你如何用石头做汤。"于是，她就爽快地答应了。

随后，穷人去路上捡了一块石头，洗干净后放进锅里煮。

"不过，你总得放点盐吧。"厨娘好奇地说。于是，她给他一些盐，后来，又给了豌豆、薄荷、香菜。

最终，她又将一些碎肉末给了这个穷人。

当然，你也许会猜到，这个穷人后来将石头捞出来扔在路上，美美地喝了一锅肉汤。

假如这个穷人对仆人说："行行好吧！请你给我一锅肉汤吧。"他会得到什么结果呢？所以，伊索在故事结尾处总结道："坚持下去，只要方法正确，你就可以成功。"

创新不需要天才，创新仅仅需要你找出新方法。任何事情的成功，都是由于找出了将事情做得更好的方法。

接着，我们来看看，怎样发展我们的创新性思考能力。

培养创新性思考能力的关键，是要相信你可以将事情做成。你应该有这种信念，才会让你的大脑高速运转，去寻求做这件事的最佳方法。

当你相信自己做不到某件事时，你的大脑就会为你找出种种做不到的理由。不过，假若你相信——真的相信，某一件事自己的确能够做到，那么，你的大脑就会将能做到这件事的所有方法想出来。

人们为了获得对未知事物的认识，常常会尝试前人没有用过的、新的思维方法。他们会寻找没有先例的办法和措施来分析事物，从而获得新的认识和方法，用它们来锻炼和提高他们的认知能力。

在实践过程中，运用创新思维，人们将一个又一个新观念提出来，形成了一种又一种新理论，做出了一次又一次新的发明和创造，这一切都会不断地增进人类的知识储备，丰富人类的知识宝库，让人们得以认识越来越多的事物，为人类实现从"必然王国"到"自由王国"和"幸福乐园"的飞跃创造了条件。

创新，实质上不是满足人类已有的知识经验，而是努力探索客观世界中还没有被认识的事物的规律，从而为人们的实践活动开辟新领域、打开新局面。

没有创新思维，没有开拓创新精神，人类的实践活动就只能停留在原有的水平上，人类社会就不可能在创新中获得发展，在开拓中有所前进，人们所成就的事业就必定会陷入停滞不前甚至落后倒退的状态。

威廉·丹佛指出，人最可贵之处，就在于具有创新思维。一个想要有所作为的人，只有通过创新，才能为人类做出自己的贡献，才能体会到人生的真正价值与真正幸福。

创新思维应用在实践中的成功，更会让人享受到人生的最大幸福，并激励人们用更大的热情去积极从事创新性的实践活动，让我们的事业和人生更加辉煌、壮丽。

创新和事业是什么关系？

威廉·丹佛说，创新是自由、力量与事业成功的源泉。

英国著名哲学家罗素则将创新看作是"快乐的生活"，是"一种根本的快乐"。

著名教育家苏霍姆林斯基指出：创新是生活的最大乐趣，成功寓于创新之中。他在《给儿子的信》中写道：

什么是生活的最大乐趣？我认为，这种乐趣包含在和艺术相似的创新性劳动之中，包含在高超的技艺之中。假若一个人热爱自己所从事的劳动，他肯定会竭力让他的劳动过程和劳动成果充满美好的东西，生活的伟大、事业的成功就包含在这种劳动创造之中。

这些论述深刻地揭示了创新与事业成功之间的内在联系，同时也说明，创新正是获得新的成功的源泉。

为什么说创新是人类获得新的成功的动力与源泉？

我们知道，成功是人们在进行物质生产和精神生产的实践中，因为感受和理解到所追求目标的实现而得到的精神上的满足。而人们需要的内容是不断发展的，需要的层次是不断提高的，旧的需要满足了，又要增加新的需要；低层次的需要满足了，又会产生高层次的需要。

要满足人们不断提高的物质和精神需要，实现人们对幸福的追求，就要靠创新。

社会进步有赖于创新，人们获得成功与幸福也有赖于创新。

那么，创新有哪些优点呢？

和常规性思维相比较，创新具有自己的特点，主要表现在三个方面：

一、独创性

创新的特点在于"新"，着重于在思维的方式、思路的开阔、思维的结论上独具慧眼，可以提出新的创见，做出新的发现，实现新的突破，并且具有前瞻性与独创性。

常规性思维，指按照既有的常规思维的思路与方法进行思维的一种思维方式。常规性思维常常会重复前人已经进行过的思维过程，但思维的结果与目的则是现在的。

创新想要解决的，都是社会实践中不断出现的新情况、新问题。而常规性思维想要解决的则是人们在社会实践中反复出现的各种情况与问题。

注意观察研究，你能看到我们周围有两种类型的人：一种人不加分析地接受现有的知识与观念，墨守成规，思想僵化，安于现状。这种人既没有生活热情，又没有创新意识。

另一种人思维活跃，不受陈旧的传统观念的束缚，注意观察研究新事物。这种人不满足于现状，常常向自己提出各种疑难问题，善于思考，勇于探索，敢于创新。

我们应该向后一种人学习，锻炼和培养自己的创新思维能力。

二、灵活性

创新不限于某种固定的思维方法、程序、模式，它既独立于别人的思维框架，又独立于自己以往的思维定式。它是一种开创性的、灵活多变的思维活动，并伴随有想象、直觉、灵感等非规范性的思维活动，所以，具有很大的灵活性与随机性，它可以做到因人、因时、因事而异。

常规性思维一般是按照固有思路方法进行的思维活动，缺乏灵活性。

三、风险性

创新的核心在于突破，而不是过去的重复再现。它没有成功的经验能够借鉴，没有有效的方法能够套用，它是在没有前人思维痕迹的路上进行的独立探索。

所以，创造的结果不能保证每一次都可以取得成功，有时，也许会没有一点成效；有时，也许会得出错误的结论，这就是创新的风险。不过，不管它将会产生什么样的结果，都具有很重要的认识论与方法论的意义。就算是造成了严重的后果，也向人们提供了以后避免走这段弯路的教训。

而常规性思维虽然看起来"稳妥"，可是它的本质缺陷在于，不能为人们提供新的启示。

通过创新而走上成功之路的人不胜枚举。伊夫·洛列，是法国的一位著名的美容产品制造师，他就是依靠经营花卉而发家致富的。在一次新闻发布会上，他颇有感触地说：

"我能够取得今天的成就，要感谢威廉·丹佛先生。从他的著作里，我学到了一个秘诀，即创新确实是一种美丽的奇迹！"

伊夫·洛列一开始生产美容产品，25年后，他已经在全世界拥有了960家分店。

伊夫·洛列的生意红红火火，他多次摘取了美容产品和护肤用品的桂冠。他的企业是唯一能够与法国最大的"劳雷阿尔"化妆品公司相对抗的竞争对手。而且，他都是在悄无声息的情况下取得所有成就的，是以，在发展的初期从没有引起同行业竞争者的警觉。

可以说，他所有的成功都仰赖于他所具有的创新精神。

早年间，伊夫·洛列从一位年老的女医生那里，偶然获得了一种专门治疗痔疮的特效药膏秘方，这个秘方的内容让他产生了浓厚的兴趣。于是，他按照这个药方，配制出了一种植物香脂，并开始挨门挨户地推销这种新型产品。

一天，伊夫·洛列突然灵机一动，为什么不在《这儿是巴黎》杂志上刊登一条介绍自己商品的广告呢？要是再在广告上另附一张商品邮购的优惠单，说不定会更好、更有成效地促销产品呢。

伊夫·洛列的这一大胆尝试，果然让他获得了意想不到的成功，就当他的朋友还在为他付出的巨额广告投资惴惴不安时，他的产品已经在巴黎开始畅销起来——原本以为只会打水漂的广告费用，和它所赢取的利润相比，根本不值一提。

当时，用植物和花卉制造的美容产品，在人们看来是没有任何前途可言的，几乎没有人愿意在这一领域里投入大量的资金，而伊夫·洛列却反其道而行之，并对这种方法产生了一种奇特的迷恋之情。

随后，伊夫·洛列所研发的美容霜开始小批量生产，他那独具创新的邮购销售方式再次让他取得了巨大的成功。在非常短的时间里，伊夫·洛列采用各种营销手段，顺利地将70多万瓶美容产品完全推销出去。

若伊夫·洛列选用植物制造美容产品是一种大胆尝试的话，采用邮购方式营销则堪称是他的伟大创举。时至今日，邮购商品对我们来说已经不足为奇了，但在那个时代，这一方式对广大消费者来说却是极为新鲜的。

接着，伊夫·洛列创办了他的第一家工厂，并且在巴黎的奥斯曼大街上开设专营店，开始自产自销美容产品。

伊夫·洛列还对他的每一位职员说道："我们的每一位女顾客，都是我们心目中的王后，你们必须像迎接王后一样，对她们提供高质量的服务。"为了贯彻这一宗旨，他首创了邮购的营销方式。

他的公司的邮购业务，几乎占到了全部订单的一半。而邮购产品的手续也很简单，顾客只要将他们的详细通讯地址填好，便可加入"洛列美容俱乐部"，并且，会在很短的时间内收到样品、价目表、说明书。

这种销售方式对那些工作忙碌，无暇去商场购物的女士来说，无疑带来了很大的方便。迄今为止，通过邮寄方式向俱乐部订购美容产品的女性已经达到了6亿人次。此外，他的公司每年还会收到8000多封顾客的回馈信件。其中，不少人为公司提供了合理化建议，一些人甚至将其照片与亲笔签名寄来。

这家公司的回函里也常常告诫订购者：美容霜并不是万能的，有节奏的生活才是最佳的化妆品。如此一来，顾客与公司就建立了非常稳固的关系。此外，公司还将1000万名女顾客的信息录入数据库，在她们的生日或重要节日里，公司都要送上小礼品来表示祝贺。

这样做成效相当显著，公司的销售业绩增长了30%，一年的收入超过25亿美元，而且，国外的业绩比国内的还要好。

现在，这家公司的产品已增加到400多种，同时，拥有800万名忠实的顾客。

伊夫·洛列在付出了不懈努力之后，最终找到了成功的契机。要知道，化妆品市场竞争激烈，稍有不慎，就会被淘汰出局。与其他大众产品不同，植物花卉美容产品使化妆品更加大众化、低档化，从而满足了不同阶层顾客的需求，因此，他能够在商场上立于不败之地。

伊夫·洛列的经验证明：假若你想要快速致富，就不要在人群中乱挤，独立去开辟一条新路吧！

美国著名实业家罗宾·维勒的成功秘诀是"永远做一个不向命运低头的叛逆者"。

罗宾·维勒言行一致。他以前经营着一家小规模的皮鞋厂，这个厂子里总共只有十来个雇员，他非常清楚，自己的工厂规模小，要挣到大钱的机会非常少。资金少，规模小，人力资源不够，不管从什么方面都难以与实力雄厚的同行相抗衡，那么，如何改变这种局面呢？

罗宾面前摆着两条道路：

一是提高鞋料的成本，让自己的产品在质量上胜过他人。但是，在这种情况下，自己的成本就会比他人的高，再提高成本，那就只能赔钱卖了。因此，这条路是走不通的。

另外一条路，就是在款式上下功夫，只要自己可以设计出新款式、新花样，不断创新，不断变换样式，就能够为自己打开一条新出路。罗宾认为这个主意很好，于是，毅然决定走这条道路。

之后，他马上召集工厂的十几个工人，开了一次皮鞋款式改革会议，并且要求他们各尽其能地设计新款的鞋样。

罗宾还想出了一个特别的奖励办法：凡是设计方案被公司采用的人，能够得到1000美元的奖金；如果其设计方案通过改良被采用，能够得到500美元的奖金；即便没有被采用，但若其设计方案别具一格，那么能够得到100美元的奖金，以资鼓励。

这一号召很快得到了员工们的响应，不久以后，就有3款鞋样被公司采纳，并投入生产。理所当然，这3款鞋样的设计者每人得到了1000美元的奖金。

第一批生产出的产品，被送往各大城市进行推介、销售。

顾客对这些新颖的皮鞋款式交口称赞，这些皮鞋很快就被抢购一空。两个星期后，罗宾的工厂就收到了2700多份订单，这使得工人们也争相加起班来。

接下来，他的生意越做越大。慢慢地，已经在原来的规模上，扩充为拥有18个制鞋分厂的大公司了。

不久后，危机又出现了，当皮鞋工厂一多起来，做皮鞋的技工就显得供不应求了，其他工厂都出巨资挽留住了自己的工人，即便罗宾提高工资，也难以将熟练的工人从其他工厂拉过来。没有工人，工厂将会难以维持，这是最令罗宾头疼的事。他接了很多订单，但假如在规定期限内交不上货，那么他将不得不支付巨额的违约金。

这让罗宾很伤脑筋，他召集18家皮鞋工厂的工人开了一次会议。他坚信，众人拾柴火焰高，大家只要齐心协力，一定可以将问题圆满地解决。

罗宾将没有工人的难题告诉给大家，并且，宣布了一个奖励创新的办法。会场陷入了寂静，人们都在低头沉思。

过了一会儿，一个年轻的新工人举起了右手，他站起来说道："罗宾先生，没有工人，我们能够用机器来造皮鞋……"

罗宾还没有表态，底下就有人讥讽地说："小子，用什么机器造鞋啊？你能够把这样的一台机器给我们造出来吗？"

那个新手听了，垂头丧气地坐到自己的椅子上，一言不发。这时，罗宾走到了那个新手的身边，然后，挽着他的手一起走到主席台上。

罗宾激动地大声向大家说道："诸位新老员工，我觉得这孩子说得很对，尽管他还造不出来这样的机器，但是，这个想法无疑非常好，很有启发性。只要我们沿着这个思路继续探索，我相信，我们遇到的问题很快就能解决。我们永远不能安于现状，不能将思维局限在一定的条条框框里，如此一来，我们才能不断创新！现在，我郑重地宣布：给这个孩子500美元奖金。"

4个多月后，经过大量的实验与研究，罗宾的皮鞋工厂中的很大一部分工作，已经被机器取代了。

罗宾·维勒——这个美国商业界的奇才，就像一盏指路明灯一样，照亮了美国商业界的前途。

像伊夫·洛列和罗宾·维勒这样的例子,其实举不胜举。这些例子都雄辩地证明了创新的强大威力。

记住威廉·丹佛的这句话:"依靠他人的施与,不是长久之计;只有自己开动脑筋,才能拯救自己。在某种意义上说,创新的能力决定了一个人的命运。"

发展你的独特个性

个性，是指一个人与生俱来的而其他人没有的那种东西。当然，它也能够通过后天来培养。

在社交与管理方面，一些人确实要强一些，但这并不意味着你就难以发展自己的突出个性。事实上，许多成功人士在没有取得成功之前，都是非常内向、不善言辞的，但是，后来，依靠自身的不懈努力，他们改变了自己的一部分个性，最终，他们都能在千万人的面前从容不迫地演讲、交谈。

威廉·丹佛认为，一个人想要取得成功，就必须尽早发展并管理自己的个性。因为，这是取得成功的坚实基础之一。

也许，你会用最时髦、最亮眼的衣服来打扮自己，并表现出最吸引人的姿态。不过，只要你内心存在着忌妒、怨恨、自私、贪婪，那么，你就永远只能吸引与你气味相投的人。

也许，你会做出一个虚伪的笑容，来掩饰自身的真实感觉；也许，你会模仿表现热情的握手方式，可是，假若这些吸引人的个性只是外在表现，而缺乏热情这个重要的因素，那么，它们非但不会吸引人，而且会使人对你避而远之。

威廉·丹佛认为，真正独特的个性必须具备以下几个要素：

1.养成让自己对他人产生兴趣的习惯，而且，你要善于从他们身上发现美德，对他们加以赞赏。

2.培养说话的能力，让你说的话有分量，有说服力。你能够将这种能力同时应用在日常谈话和公开演讲中。

3.为你自己创造一种独特的风格，让它适合你的外在条件和你所从事的工作。

4.发展出一种积极的品格。

5.学习怎样握手，让你可以通过这种常见的寒暄方式，表达出属于你的温柔与热情。

6.将其他人吸引到你身边，首先要让自己被吸引到他们身边。

请记住：在合理的范围里，对你唯一的限制，就是在你头脑里预设的那些东西。

在这6项因素里，第2项和第4项因素是最重要的。

假若你能够具有这些好思想、感觉，并且付诸行动，就能够建立起一种积极的品格。然后，学习以有说服力的方式来恰当地表达你的观点，如此一来，你就能够发展出独特的个性。

现在，提醒你注意，发展独特的个性还需要你和别人友好相处。

"和别人友好相处"的好处，并不是这个习惯能够为你带来金钱或物质上的收获，而是它能够对人的品格产生美化的效果。

你为人和蔼可亲，就会让别人感到快乐，你也会得到快乐，而这种快乐是无法用别的任何一种方式获得的。

改掉你喜欢吵架的脾气，别向人挑战，别引起毫无意义的争吵。改变你用忧郁的有色眼镜看待生活的习惯，让你看享受生活中友善的、明媚的阳光。

将你的铁锤扔掉，停止敲打，因为你一定要学会享受生活，而生活中的大奖总是颁给建设者而不是破坏者的。

懂得与人分享

威廉·丹佛认为,感谢、分享、谦卑是正确对待成果与荣誉的三种方法。

在这三者之中,威廉·丹佛着重强调了分享的重要性。在他看来,善于与人分享,是一种赢得和他人真诚合作机会的大智慧。

美国有一家罗伯德家庭用品公司,八年来,这家公司迅速发展,利润以每年18%～20%的速度增长着。这是由于这家公司建立了一种独特的利润分享制度,将每年所赚的利润,按规定的比率分配给每一个员工。

这就是说,这家公司赚得越多,它的员工也就分得的越多。员工们自然明白水涨船高的道理,于是,人人奋勇,个个争先,积极性自不待言,还随时随地地挑剔产品的缺点与毛病,主动地加以改进。

与人合作,有福同享,有难同当。当你在工作上干出点名堂,小有名气时,这当然是值得庆幸的事,你也应当为自己感到高兴。不过有一点,假若你是在大家的共同努力下取得的成绩,或者,在这一过程中你获得过别人的帮助,那么,你可千万不要独占功劳,要不然,别人会觉得你贪功心切,不值得深交。

假若某项成绩的取得的确是你个人努力的结果,当然应该为此高兴，而且，别人也会向你表示祝贺。然而，对你来说，这时千万别被胜利冲昏了头，一来可能会伤害别人的自尊心，二来，现实社会里害"红眼病"的人很多，假若你欢喜过了头，就有可能遭到算计。

卡凡森先生精力充沛，在一家出版社当编辑，并且，还担任着下属的一个杂志社的主编。平时，他与上上下下的关系处得都不错。而且，他还很有才华，工作之余经常爱写点东西。一次，他主编的杂志在评选中得了大奖，他感到非常自豪，逢人就说自己如何努力，取得的成就如何大，同事们如同往常一样对他表示祝贺。

不过好景不长，他惊讶地发现，几乎所有同事，甚至包括他的顶头上司和下属，好像都在有意无意地找他的茬，而且有意地躲避他。为此，他十分苦恼。

一段时间后，他才发现，原来自己犯了"独占功劳"的错误。平心而论，这份杂志之所以能够得奖，主编的贡献当然非常大，然而，这也离不开其他人的努力与配合，他们当然多多少少也都有功劳。他们显然不会认为某个人才是唯一的功臣，总是认为自己"没有功劳也有苦劳"，自己"独占功劳"，当然会让其他同事心里不舒服，尤其是他的上司，更会因此而产生一种不安全感，害怕失去自己的权力。

因此，当你在工作上有突出表现而得到肯定时，千万要记住一点——不要独占功劳，否则，这份功劳就会给你的人际关系蒙上阴影。在谈到怎样对待功劳时，威廉·丹佛提出了以下几点告诫：

一、与人分享

或许，他人并不羡慕你得了多少利益，而是对你沾沾自喜的样子感到不满。因此，当你取得成就的时候，至少应该主动地在口头上对他人的帮助与合作表示感谢。如此一来，他人就会觉得心里舒服，你的人际关系也会变得更加融洽。

主动与人分享，旁人会觉得你尊重他（她）。若你取得的成就实际上是大家协力完成的，那你更不应该忘记感谢大家，并与大家分享你的喜悦之情。

你可以采取许多方式来与人分享，比如，请大家吃甜点，看场电影，或干脆请大家大吃一顿。如此一来，其他人肯定不会再说什么了。

二、感谢他人

要感谢同事的协助，别认为所有的功劳都是你自己一个人的。特别是要感谢上司，感谢他的赏识、提拔、指导、教诲。假若实际情况就是这样，那么，你本应该如此行事；假若同事的协助有限，上司也没有做什么实际上的工作，你的感谢也有必要，这或许多少有点伪善，但这无疑是职场生存的妙计之一。

为什么许多人上台领奖时，一开口就是"我非常高兴！但我要感谢……"，道理就在这里。"这种口惠而实不至"的感谢，虽然缺乏实质意义，但是，听到的人心里都会很舒服，自然也就不会再嫉恨你，更不会给你难堪了。

三、为人谦卑

获得了荣誉，人们往往会沾沾自喜，有些人甚至会忘乎所以。这种心情是能够理解的，但别人就遭殃了，他们要忍受你的气焰，却又不敢出声，因为你正在得意时。不过，由于人性的弱点使然，他们很可能会在工作上找你的麻烦，或者不愿意和你配合。所以，有了功劳时，你要更加谦卑。

不卑不亢很难，但"卑"绝对胜过"亢"，即便"卑"得过分，也无伤大雅，他人看到你如此谦卑，当然也就不会再找你的麻烦，处处和你作对了。

当你有了功劳时，对别人要更加客气，功劳越大，头要越低。另外，别总是说起你的功劳，说得多了，就变成了自吹自擂。既然你的功劳大家早就心知肚明，那么，你又何必再多费口舌呢？

成功人士通常都不会独占功劳，说穿了，就是他们很明智，懂得别去威胁他人的生存空间的道理。

由于你的功劳会让他人变得暗淡，产生一种不安全感。而当你立下功劳时，你主动去感谢他人、与人分享、为人谦卑，这正好能够满足别人的虚荣心，让别人吃了一颗定心丸。

人性就是这么微妙，不要感到奇怪。所以，当你立下功劳时，一定要记住上面这几点。假若你习惯了独占功劳，那么，总有一天，你将不得不自吞苦果。

卷六

钻石宝地

原著[美]拉塞尔·康维尔

财富，就在你的脚下

很多人都梦想创业当老板，但却苦于找不到突破口，不知道从哪里入手，或者该干些什么。拉塞尔·康维尔提醒我们，其实，机遇就在你的手中，财富，就在你的脚下。

一次，日本索尼公司名誉董事长井琛大到理发店去理发，他一边理发一边看电视，不过，因为他躺在理发椅上，所以，他看到的电视图像只能是反的。

就在这时，他突然灵机一动。心想："假若可以制造出反画面的电视机，那么，即便躺着也可以从镜子里看到正常播出的电视节目。"

有了这些想法，他回到索尼公司之后，就组织力量研制和生产了反画面的电视机，并将自己研制出来的电视机投放到市场上去。果不其然，这种电视机受到了医院、理发店等许多单位和用户的普遍欢迎，因此，取得了巨大成功。

这一事例给我们的启示是，功夫不负有心人，只要你处处留心，会发现有不少机会在向你招手。

众所周知，意大利人对足球极为狂热。然而，这在一定程度上却冲击了意大利的餐饮业。因为，每到国内足球联赛，特别是像世界杯这样的足球大赛到来时，千千万万的球迷都闭门不出，端坐在电视机前观看足球赛。

故此，每到足球大赛来临时，很多餐饮业主都为生意的不景气而愁眉苦脸。不过，这里有一家餐馆的生意却异常火爆。那么，这位老板有什么绝招吗？说来他的招数其实并不复杂。他仅仅是在自己的餐馆的角角落落，包括走廊和卫生间，都安装了电视机，用以保证每位光临的顾客在每一个角落都可以看到精彩热闹的球赛。

说白了，这位老板的成功，完全是因为他对待顾客认真、细心。

因为他的细心，他发现，意大利人在球赛到来时不愿意到餐馆去的原因，并不是他们每到赛季就变得过分爱惜自己的钱财，变得不愿意花钱。真正的原因是，意大利人深深地爱着足球，假若让他们在美食和足球之间做出选择，他们会不假思索地选择足球。

很显然，要让顾客回到餐馆，就需要想出一个两全其美的方法。于是，他发明了用增加电视服务来招揽顾客的方式。这一方法真的非常有效，让他取得了非常可观的收入。

实际上，有无数的成功，都是受到日常生活中的小事的触动而取得的。

尼·科尔斯是美国著名的家具经销商。一天，他的家里突然失火，几乎将他的家当全部烧光了，只有些粗壮的松木内芯保存了下来，而松木的外面则完全烧焦了。

对一般人来说，只好怀着极度的悲痛把这些废料扔掉了事，不过尼·克尔斯却从这些焦木里嗅到了商机：那些焦木的旧纹理与特殊的质感让他产生了灵感，他决定，用这些焦木来制造突出表现木纹的仿古家具。

他拿碎玻璃片刮去废木上厚厚的灰，接着，拿细砂纸将废木打磨光滑，然后，在废木上涂了一层清漆。如此一来，废木就显出了古朴、庄重、雅致的光泽与清晰的木纹。就这样，他实现了变废为宝，这种古典木质家具刚上市，就销售一空，他很快就成了家资巨万的大富商。

有人不无感慨地说，尼·科尔斯不过是因祸得福。实则不然，他是因为善于观察，不放过任何创新的蛛丝马迹，以小见大，独具慧眼，才将奇迹创造出来的。

假若换了一位不善于思考的人去看那堆没有烧尽的废木头，恐怕眼睛看直了也不可能发现什么商机。

事实上，世事大都是这样，假若你肯动脑筋，每一件看似平常的小事都有它独特的价值，而且，许多智慧与发现都来自这类平常的小事，只是你没有发现罢了。

那么，如何培养一种可以从寻常事物里发现不寻常的智慧呢？那就需要有一种善于思考的能力，只要勤于思考，仔细观察，就不会让难得的机遇从眼皮底下溜掉。

布·希耐是美国著名的玩具开发商。一天，他去户外散步，碰巧看到几个孩子在玩弄一种又脏又丑的昆虫，而且玩得不亦乐乎。

他马上联想到儿童玩具市场里流行的玩具——全都是些造型美观、

色彩艳丽的玩具。他想，假若我给孩子们设计一些像这种昆虫这样的样子很难看的玩具，孩子们会喜欢吗？会的，因为孩子们对这个世界充满了好奇，丑怪的东西正好可以满足他们的好奇心。

想到这里，他马上命人研发这种玩具，并推向市场。他猜得没错，这批以丑怪为特征的玩具投放市场后，引起了强烈的反响，深受孩子和家长的欢迎。这批玩具供不应求，他也因此获得了一笔巨大的收益。从此以后，丑怪玩具的市场销量一直居高不下。

我们每个人的脚下都蕴藏着财富，只要你善于发现，勤于思考，你就能挖到属于你自己的宝藏。

不要处处炫耀财富

约翰·洛克菲勒是举世公认的"石油大王"。他的人生经历告诉我们,用心积聚起来的钱可以为我们带来巨大的财富。

小时候,洛克菲勒家里很穷,生活拮据。八岁时,母亲送给他几只小火鸡。他非常耐心、细致地照看着这些小火鸡。后来,将它们卖了个好价钱。他将这笔收入的金额小心地记在账本上,为此,他给这个账本取名叫"一号账本"。

有多少小男孩会在八岁的时候就将自己赚的每一笔钱、花的每一分钱写在自己的账本上?没有几个!或许,这也就是很多人成不了洛克菲勒的原因所在。

每当说起富人,我们都会将他们想象成挥金如土的样子,他们使用的东西都是一般人连想都不敢想的。然而,很多白手起家的百万富翁并不是这样的。他们的财富都是凭着两只手挣来的,这些钱来之不易,因而,他们用起来也更加节约。

这些富翁们实际上比普通人还会精打细算。他们明白节约的价值,更在日常生活里厉行节俭,甚至连每一个细节都不放过。

美国铁路大王E.哈里曼说过一句发人深省的话:"不节俭的生活谁

也过不起，只有穷人才浪费。"

白手起家的百万富翁们之所以节约每一分钱，是因为节俭正是他们财富的基础。于是，有些喜欢铺张浪费的人问，那是什么原因让他们成了百万富翁以后还要厉行节约呢？

习惯，因为他们已经养成了节约的习惯——他们不乱花钱的习惯恰恰是他们与那些生活随意的人的区别。所以，即便在富裕起来以后，无论是在家里还是在事业上，他们都继续保持着这种厉行节约的习惯。

哈里曼将自己的巨额财富投资到纽约的山上和乡下的农场里来赚取利润。他和他的家人办了一个中型的乳制品厂，这个乳制品厂每天能卖出很多牛奶和黄油。这项投资事业规划得很好，非常富有远见，就像一位伟大的金融家的手笔。

对他来说，这个乳制品厂也是他的一项事业，是对农场和牲畜的充分利用。无论是对他的家人来说，还是对他企业里的员工来说，都需要消耗牛奶和黄油。常识与良好的商业判断力都告诉他，要将这家乳制品厂办成一个可以赚钱的事业。

哈里曼不允许浪费所有东西，他深知，发家致富的唯一秘诀就是让你的收入增加得比你的支出快，而且，所花掉的每一分钱都要获得百分之百的回报。

人并不是苍蝇，仅仅知道享受夏天温暖的阳光，不知道寒冷的冬天快要到了。一些人前脚刚赚到钱，后脚就把钱花掉了。不过，显然不能说，这类人的智力就相当于苍蝇的智力。一个月赚200美元的人假若转手就把钱花光的话，那么，他与一天只能赚1.5美元的人一样朝不保夕。

那些不为自己的将来打算，不在今天牺牲个人的享乐而节约用钱的人，是缺乏经济头脑的。而只有有经济头脑的人，才可以安享舒适的生活，保持愉快的心情。

我们从那些不会用钱的人嘴里听到的最多的抱怨，恐怕就是"省钱太难了"。有经济头脑的人是不会说这种话的。一则，他们明白，大家都做的事情就是应该做的事情。再则，他们总是为自己主动确定一些长期或短期的目标，比如，买一栋别墅，或者做一项投资。

一对年轻的新婚夫妇发现，通过改进操持家务的方法，他们会省下许多钱。于是，他们就开始这样做。

起初，为了给起居室配一个沙发，夫妻俩开始存零钱。等他们将这笔钱存够了后，他们觉得买沙发也没多大的用处，还不如再多存点，买一架钢琴；等银行存款够买一架钢琴后，他们决定再存段时间，这样也许就能买辆轻便的小汽车了；等买汽车的钱存够后，他们又想："要是再存一段时间的话，我们就能买下M大街的一栋漂亮的平房了。"

以这种看似很笨的办法，他们保持着节俭的生活方式。当丈夫工资增加时，他们就将更多的钱存起来，而不是用来增加自己的生活开销，直到他们的长远目标可以实现时，再告一段落。

后来，在他们最大的孩子才刚上初中时，他们就已经拥有了一座M大街的房子，另外还有两处房产是租出去的，这样，他们就可以定期收房租了。现在，这位丈夫已经成为他所在公司的合伙人——他刚进入这家公司时，仅仅是一个一周才赚18美元薪水的小职员。正是从那时开始，他与妻子共同制订并实行了"持家改进计划"。

从现在开始，从工资中拿出一点钱，存到银行里，让自己的生活保持平衡。要知道，节约并不是吝啬，也不是斤斤计较，更不需要以牺牲自尊、舒适感或良好的仪表为代价。理智的节约与斤斤计较之间相差甚远。

节约绝不意味着不花钱，而是更为合理地花钱。

节约意味着持家有道；节约意味着充分地利用时间、金钱、精力和其他的东西；节约意味着你花掉的每一分钱都可以得到百分之百的回报；节约意味着你吃下去的每一点食物都可以转化成需要的营养；节约意味着从出生的那一刻起，人生每小时的学习、工作、娱乐、休息时间都可以得到充分的利用；节约意味着以前习惯花钱请他人帮你干的活，现在可以试着自己干。

节约对一个男人来说，也许意味着自己擦皮鞋或刮胡子；节约对一个女人来说，也许意味着合理搭配膳食，花最少的钱得到最多的营养与最美味的食物；节约意味着让孩子懂得，浪费金钱是愚蠢的人才会做的事情。

节约意味着用经济之道持家。合理持家需要耗费的智慧与精力，一点也不比管理一个企业更少。商人们每时每刻都在想着怎么减少一分一厘的开支，最精明的商人天生就有商业才能。

同样，一个有远见卓识的妇女会发现，只要厉行节约，花四美元买来的东西，也可以为家人带来舒适的生活，以及生活上的改善，而同样的事情，那些粗枝大叶、胡乱花钱的人要花几十美元才能办到。

聪明的女人对勤俭持家的热情绝不亚于男人对事业的热情。聪明的女人会告诉你，像她们一样勤俭持家，你就能够摆脱过去只干家务而不动脑筋的生活方式，这样，你的生活就会变得更加丰富多彩。

她们还会告诉你，现在就开始省钱，那么，在需要花费更多的钱的时候，或者有更好的花钱机会的时候，就可以从容地拿出钱来。

有许多人都误以为，百万富翁的孩子就一定会乱花钱。而事实上，美国大多数的百万富翁都对自己的孩子严格要求，让他们从小保持独立、节俭的生活习惯。

范德比尔特曾经说过，尽管他有1亿美元的财产留给孩子，不过，只要他还活着，他的十三个孩子就得自食其力。他的二儿子威廉后来继承了他的事业。不过，我们不应忘记，威廉是从周薪只有16美元的银行出纳员干起的。即便到他结婚时，工资也非常少。婚后，经过二十年的努力，他才成功地经营起一个地处偏僻的农场。后来，他获得了更大的成功，可是，从来没有伸手向父亲要过一分钱。

老范德比尔特眼睁睁地看着自己的孩子遭遇种种困难与挫折，也不接济一二，看似不近人情。事实上，在这一过程中，这位严父恰恰是在训练继承人的经济头脑与吃苦耐劳的精神。他深知，这对儿子将来管理巨额资产尤为必要。

事实证明，这种长时间的艰苦训练卓有成效。这个独自奋斗了二十年的孩子，后来，仅仅用了七年的时间，就把父亲留下的1亿美元的遗产翻了一番。

卷六
钻石宝地

　　老范德比尔特为他的孩子上了非常重要的一课。而他的儿子也用同样严格的方法训练自己的两个孩子。威廉的大儿子刚参加工作时，是银行的一个普通职员，除了工资外没有其他收入。小儿子则是图书管理员。

　　只有厉行节约的人，才能变成真正的有钱人，而只有穷人才粗枝大叶地胡乱花钱。因此，穷人仍旧是穷人。

金钱，也是一种伟大的力量

金钱具有无比伟大的力量，不论是用在正道还是用在歪门邪道上，都是这样。

中国有句古话说："君子爱财，取之有道，用之有度。"也就是说，金钱本身无所谓善恶，关键看你怎么使用它。如果你用它来满足基本的生活需求，用它来做慈善事业，那么，它无疑会爆发出无比巨大的正面力量。

在世界上，千千万万的人通过洛克菲勒家族的捐款而得到了幸福。在这种情况下，小洛克菲勒自然备受世人关注。

《世界主义者》杂志曾刊登了一篇文章《他将如何使用这笔巨款》。这篇文章开头写道："约翰·D.洛克菲勒先生即将留下世界上最大的一笔资产，他的儿子小约翰·D.洛克菲勒将会在几年后继承这笔巨额财富。显而易见，这样一笔巨款足以影响世界大势。倘若用它来干伤天害理的事情，那么，这将足以把世界文明拖后25年。"

牧师盖茨先生是老洛克菲勒最亲密的朋友，在老洛克菲勒晚年时，他不断地劝他将钱捐给慈善机构。老洛克菲勒部分采纳了他的建议，将上亿美元的巨款捐给了学校、医院、研究所等机构，并且组建了庞大的慈善机构。

老洛克菲勒尽管参加了不少募捐和投资活动，但是，他的主要目的并不在这里。如何赚钱，如何更好地掌控和运用赚钱的艺术，这是他一生中矢志不渝追求的东西。从一定程度上来说，这也是他毕生唯一追求的东西。

小洛克菲勒回忆说："约翰·盖茨在这其中扮演了理想家和创造大师的角色，而我只不过是一名推销员，也就是懂得抓住各种时机向我父亲推销的中间人。"

小洛克菲勒在父亲心情很好的时候，借机提出各种建议，一般情况下，他的父亲都会慨然应允。

老洛克菲勒把将近4.5亿的巨额资金分拨给了普通教育委员会、劳拉·斯佩尔曼·洛克菲勒纪念基金会、洛克菲勒基金会和医学研究所。后来，小洛克菲勒就成为这些机构的具体负责人。

在这些机构的董事会里，小洛克菲勒不仅仅是个说客。他不仅要主持摸底工作，还要寻求合适的管理人才以及管理机构。

在著名慈善家罗伯特·奥格登的邀请下，小洛克菲勒与50名知名人士考察了南方的一所黑人学校。南方之行结束后，他就将建立普通教育委员会的建议通过信件告诉了父亲。两周后，老洛克菲勒就给小洛克菲勒汇去了1000万美元。后来，老洛克菲勒又陆续捐赠了3200万美元。到了1921年，老洛克菲勒向各类慈善机构的捐款总额已经达到了1.29亿美元。

在洛克菲勒基金会成立后，弗雷德里克·盖茨凭借牧师的神圣灵感与敏锐性，已经准确地预料到，它将要在全世界范围内产生巨大的影响。

按照弗雷德里克·盖茨的计划，洛克菲勒父子捐款在中国建立一些具有现代化水平的医院——即北京的协和医学院和协和医院。小洛克菲勒将其称为"亚洲第一流的医院"，并且亲自出席了落成典礼。自从建立以来，协和医学院和协和医院就为中国乃至世界人民的健康做出了不朽贡献。

洛克菲勒基金会的目光不仅限于战胜种种世界性的疾病，而且，也包括解决世界各地的饥荒与粮食问题。在洛克菲勒基金会的援助下，许多卓越的科学家研发出很多新的水稻、小麦和玉米品种，为许多不发达国家的人民带来了巨大的实惠。

在洛克菲勒基金会的巨额科研经费的支持下，加利福尼亚州造出了世界上最大的天体望远镜，以及有助于分裂原子的4.7米回旋加速器。

每年，洛克菲勒基金会大约为16000名科研人员提供活动经费，这些经费造就了许多世界一流的科学家。

在经营这些慈善机构的同时，小洛克菲勒还从事着保护自然环境这一他终生爱好的事业。

1910年，他将缅因州一个风景秀丽的岛屿买了下来，目的就是让这里的自然风光不受到破坏。在保护自然与方便游人的前提下，他在岛屿上修建了公路和桥梁。后来，他将这个现在被称为"阿卡迪亚国家公园"的岛屿捐赠给了美国政府。

1924年,在黄石公园里游玩时,小洛克菲勒发现,公园里的树木东倒西歪,道路两旁杂草丛生。他马上出资10万美元,清理和修复了公园的破落之处。十年后,为了维护阿卡迪亚国家公园,美国政府制定了一项永久政策,即必须定期清理国家公园内所有的路边杂物。

粗略统计,为了保护自然环境,小洛克菲勒投入了数千万美元,其中:

阿卡迪亚国家公园花费了300多万美元;

赠与纽约市的特赖思堡公园花费了600多万美元;

替纽约州抢救哈德逊河的一处悬崖花费了1000多万美元;

为加利福尼亚州的"抢救繁荣杉林同盟"捐款200万美元;

为约塞米国立公园捐款160万美元;

为谢南多亚国立公园捐款16.4万美元;

……

1937年,美国法律规定,个人资产在500万美元以上的,征收10%的遗产税;第二年,又将1000万美元及以上的遗产税增加到20%,尽管如此,在20多年的时间里,小洛克菲勒还是从他父亲那里获得了5亿多美元的财产,这和老洛克菲勒捐赠给慈善机构的数目差不多。

最后,老洛克菲勒仅为自己保留了2000万美元的股票。

小洛克菲勒虽然继承了这笔令人羡慕不已的巨额财产,但是,小洛克菲勒从来不把自己看作是这笔财产的主人,相反,他只将自己看成了这笔钱的一名精明的管家——他更愿意把钱花在保护自然环境等造福社会的项目上。

自大学毕业之后，小洛克菲勒给父亲做了近50年的好帮手。

后来，他凭着对慈善事业的无比热情和宽广的胸怀，又在慈善事业上投入了8.2亿美元。他说道："健康的生活奥秘就是无私奉献……钱财除了能引诱人做坏事外，还能用来做好事。"

在小洛克菲勒所赞助的慈善事业和经济基金会里，所涉及的范围极为广阔，而且，每一次投资都经过了审慎地考虑。

"我确信，大多数人都认为，有了钱就会得到幸福。然而，很少有人真正体悟到，幸福其实源于帮助他人时产生的一种满足感。"

这句名言出自老洛克菲勒之口，而真正做到这一点的则是小洛克菲勒。对小洛克菲勒来说，无偿的捐赠就是他的本职工作。

可以这么说，洛克菲勒家族的烙印，在20世纪前50年美国社会生活的每一个新开创的事业里都可以找到。洛克菲勒家族的这种慈善行为足以证明，金钱有一种无比伟大的力量。

卷六
钻石宝地

坚信自己可以赚钱

"巨大的石块横断了道路，勇敢的人把它看作是进步的阶梯；而怯懦的人则把它看作是前进的障碍。"你只有相信自己的能力，树立必胜的信念，竭尽所能，勇往直前，才有可能取得成功。

为什么自信主动才能获得财富？因为只有自信，才会产生主动意识，才能让人重视、发挥和强化人的主体性与能动性。

在许多情况下，人们已经对很多行为已经习以为常——大家都是这么想、这么做的，自己也只能这么想、这么做。唯其如此，才合乎人情事理、传统习惯。事实上，这种观点是错误的。不仅如此，它还会对自我意识与人生选择产生消极的影响，设置严重的束缚。

与此同时，许多人又不甘心安于现状，失去自我，于是，心理开始失衡，自然也就无法保持良好的自我状态，进而形成整个心理态度的不良循环。因此，明确的价值观念是构成成功心理必不可少的一种要素。

良好的自我状态，是指一个人经常能保持一种奋发向上、生机勃勃的精神状态，也是一种可以选择控制自己情感的心理机制。

许多旧观念认为，人的言行大都是靠智商支配，但事实上并不完全是这样的。人们越来越认识到这样一个事实：人的非理性成分很大，人有许多言行是靠一种感觉、一种情绪支配的。而且，理性与非理性对人的支配是很不平衡的。情感对人的影响之大，绝不亚于智力与体力之和。

人的情感就像人体的发电机一样，假若允许不良情绪经常造成"短路"之类的故障，有许多能量就要白白浪费掉了。假若能用积极的情绪对待一切，那就像发电机不断产生动力一样，会有大量的功能得到很好的利用。情感的潜在力量足以证明，选择、控制情感对人是多么重要！

自信的人能够控制自己的情感，让自己成为一个理性的人。最容易成功的人则常常是那种特别自信的人。

"自信的力量无穷"这句名言，大多数人都听过，都记在了心里。不过，真正体味到个中滋味而走向成功的，却寥寥可数。自信需要人具备巨大的勇气——有了勇气，人才能排除万难，一往无前。

勇气来源于许多方面。由于有亲人、朋友的鼓励、支持，你能够走出失败的阴影，恢复信心，从头再来；由于肩上有责任、众人有期盼，你可以愈挫愈勇，永不言败；由于吸取了教训、总结了经验，你能够重整旗鼓，再创辉煌……

若你充分相信自己有能力开展任何活动，你很大程度上就可以获得成功。若你勇于探索那些陌生的领域，就有可能体验到人世间的种种乐趣。想想那些被称为"天才"的人，那些在生活中很有作为的成功者，他们中有很多并不仅仅是某一方面的专家，更不是企图回避实际困难的人。

达·芬奇、伽利略、贝多芬、罗素、萧伯纳、丘吉尔、爱因斯坦等世界伟人，大都是勇于探索未知的先驱。他们在很多方面和普通人一样平常，唯一的区别就在于，他们敢于走普通人不敢走的路。1952年的诺贝尔和平奖获得者艾伯特·史怀哲曾经说过："人类的一切都不会让我感到陌生。"

人们能够用新的眼光重新看待自己，打开心灵的窗口，进行那些自己一向认为力所不能及的活动。否则，就只能用同样的方式重复进行同样的活动，直到生命结束。人之所以伟大，正是因为其不懈探索的品质和探索未知的勇气。

必胜心，就是坚信自己一定可以成功的坚定信念。有了这种坚定的信念，无论遇到了多大的挫折，无论碰到了多大的困难，你都不会产生丝毫动摇。

遇到挫折后，必胜心的恢复与保持，来源于对自我的否定之否定。自信是对自我的肯定，失败是对自我的否定，必胜心则是对自我进行否定之否定之后才能够恢复和保持的。实质上，它是在经历失败的打击后，增强了挫折容忍力的基础上对自信的恢复。也只有完成对自我的辩证否定，才能恢复自信，并在更高的水平上回归自我，才能恢复与保持必胜心。

恢复自信，坚信自己能战胜失败而获得成功，这需要付出艰辛的努力，要对自我进行辩证的否定。

对自我的辩证否定，不是对自我过去的一切加以绝对的肯定或否定,而是要在进行深刻的自我解剖的基础上,肯定过去的自我的成绩、正确、优点,否定过去的自我的过失、错误、缺点。既热爱自我,又不迷恋于自我;既相信自我,又不固执己见;既解剖、批判自我,又不丧失自我,不自惭形秽、妄自菲薄;既相信"世上无难事,只怕有心人",又要实事求是地分析自己的能力与所设定的目标的适应性,及时进行自我调适与自我调整。

这对于一个想要有所成就的人来说,是一种不可或缺的心理素质。

致富的一个技巧：借用他人的资金，为自己赚钱

"商业就是借用他人资金的事，没什么难的。"小仲马在剧本《金钱问题》里如此说道。

是的，通过借用他人的金钱为自己赚钱，这是致富的一个最重要的技巧。而借用他人的资金，你必须遵循这个原则，即你的行动应该合乎最高道德标准：正直、诚实与守信。这些道德标准将贯穿在你的事业里。

人们很难对不诚实的人产生信任感，你一定要按时将所借的钱款与利息还清。反之，一旦缺乏信用，就会导致个人、团体或国家逐步走向困境。因此，你不妨听听成功而明智的本杰明·富兰克林的建议。

在《对青年商人的忠告》一书里，本杰明·富兰克林对"借用他人的资金"给了如下的建议：

记住，生产与再生产是金钱的性质，金钱可以生产金钱，而它的产物又可以生产更多的金钱。

记住，每年6磅，对每天来说是微乎其微的。正因为如此，它才会在不知不觉里被浪费掉。一个有良好信用的人，能够保证让它积累到100磅，并将它真正当成100磅用。

在今天，这个建议仍旧有非常高的价值。根据这个建议，你能够从几分钱开始，能够积累到500美元甚至更多。希尔顿就做到了这点——他为人就很讲信用。

希尔顿在大机场附近修建了许多豪华的带有停车场的酒店，这是依靠几百万美元的借贷来实现的——希尔顿诚实的名声就成了他的公司最好的担保。

诚实是一种美德，从来没有人可以想出一个代替它的名词。人的内心表达更是非诚实莫属，一个人的神态或言行，自然而然地体现出其诚实与否。不诚实的人，在其谈话时的神情、谈话的性质与倾向里，或者在其待人接物时，都能暴露出其试图隐藏的端倪。

因此，一个人要想取得事业上的成功，除了借用他人的资金外，品德问题也是不容忽视的。事业的成功与正直、诚实、守信是密不可分的，一个人假若比较正直，那么，一般来说，其也一定具有诚实、守信的美德。

威廉·立格逊为人正直、诚实、守信。在《怎样利用你的业余时间将1000美元变成300万美元》一书中，他写道："如果你告诉我一位百万富翁的名字，我就能告诉你如何在这位百万富翁那里贷到一大笔钱。"接着，他举出了亨利·福特、沃尔特·迪士尼等作为明证。

此外，依靠借贷而致富的名人还有查姆·塞姆斯、康德拉·希尔顿等。

贷款是银行的一项主要业务，给诚实可信的人贷款越多，他们的回报就越丰厚。银行贷款的目的是发展商业,普通人为了过豪奢生活而向银行提出申请,则是很难贷到款的。

你应该找一位银行家做朋友,这非常重要。假若你已经有了这么一位朋友,那么,不妨多听听他的建议。

一个精明的人绝不会轻视其借到的一美元,也不会不在意金融专家的告诫。一个叫查理·塞姆斯的美国人,就是通过借用他人的资金与计划,再加上他自身的勇气、积极心态和主动精神,而成为一名富翁的。

查理·塞姆斯出生在德克萨斯州。19岁时,他除平时省下的钱和一点工资外,并没有多少钱。但是,查理·塞姆斯每个星期六都去一家银行存款,这个习惯雷打不动。因此,这家银行的一名职员都记住了他。这名职员是一位很杰出的银行家,他觉得查理·塞姆斯比较有趣,而且品行端正,能力很强,又懂得金钱的价值,是个可造之材。

因此,当查理·塞姆斯下定决心独自做棉花生意需要资金时,这名银行家就给了他一笔巨额的贷款。靠着这笔雄厚的资金的支持,查理·塞姆斯成了棉花经纪人,半年后又成了骡马商人。

当查理·塞姆斯成为骡马商人后,有两个人到他那里找工作。他们两人已经获得了"优秀保险推销员"的好名声,他们来找查理·塞姆斯的原因,是想要和他合作经营。

他们中的一人对查理·塞姆斯说:"我们的推销能力非常出众,因此我们的特长——销售,应该一直坚持下去。"停顿了片刻之后,他看着查理·塞姆斯激动地说:"查理·塞姆斯,你的经营知识与管理经验是我们望尘莫及的，假如我们能够合作，一定可以实现双赢。"

查理·塞姆斯觉得他们说得有理，就答应与他们携手经营保险公司。

几年后，查理·塞姆斯成了这家保险公司唯一的大股东。他是怎么做到的呢？显而易见，唯一的办法就是贷款。而他成功的一个重要因素，就是有一位能慧眼识人的银行家朋友。

也正是利用了这种信贷制度，查理·塞姆斯在10年里，将公司的营业额从40万美元发展到4000万美元。他成功的原因正是能够有效利用他人的资金，并不失时机地发展他自己的事业。

卷七

自己拯救自己

原著[英]塞缪尔·斯迈尔斯

自己拯救自己

事实上，我们每个人最大的财富就是自己，因此，我们的成功立足点也应该是自己。但是，在我们身边，许多人都没有意识到这一点。这也正是大多数人的悲哀之处！

假若有机会，我们不妨问问那些已经年过半百的人，问问他们——为什么前半生就要过完了，他们依旧只能勉强维持生活，90%的人肯定会告诉我们这样的理由：

"机遇一直没有降临到我身上。"

"我怀才不遇。"

"我的环境不好，阻碍了我的个人发展。"

"我不像现在的年轻人，有那么多的机遇。"

"我接受的教育太少。"

……

此类理由举不胜举。一千个人就会有一千个理由，然而，实际情况远非如此。斯迈尔斯认为，我们每个人都有足够成功的巨额资本，我们每个人本身就是自己的一笔巨额财富。那么，既然我们拥有巨额财富，有的人为什么总是失败，以致一生碌碌无为呢？斯迈尔斯对此的解释是，我们没有发现自己的潜力，所以，也没能将这笔巨额财富发掘出来。

一个年轻男子对他的窘困处境极为不满，他总是怨声载道。在一个皓月当空的晚上，这个男子在海滩上瞎逛时，又开始埋怨，甚至还做起了白日梦：

若我有一辆新车该多幸福；

若我有一座大房子该多幸福；

若我有一份好工作该多幸福；

若我有一个完美的妻子该多幸福；

若我有……

"唉！"这个男子想着想着叹了一口气，"我确实很不幸！什么都没有！一穷二白！"

就在男子抱怨的时候，有一个智者正好从他旁边经过。听到了他的话，就微笑着对他说："你手脚健全，四肢灵活，这就是上苍赐予你的一笔巨额财富，只要你善加利用，一定可以出人头地。"

听了老人的话，这个年轻人如梦方醒。

事实上，所有成功人士，都能够从根本上看重自己，都能够很清楚地意识到并能有效利用自己这笔巨额财富。假若我们每个人都能像这个年轻人一样，幡然悔悟，奋起直追，那么人生的前景自然是一片光明。

有人曾经问斯迈尔斯，从一个生活困窘的孤儿，到成为享誉世界的成功学大师，这其中有什么成功的秘诀吗？斯迈尔斯回答："自己拯救自己！我们自己就是一笔巨额的财富，每个人都是这样。那些勇于认识自己，开发自己内在的财富的人，一定会取得成功。"

这就是他取得巨大成就的原因所在！斯迈尔斯的这句话，从某个角度道出了一个真谛：我们每个人都是一笔巨大的财富，我们每个人最大的财富就是我们自己，利用好我们自己，开发好我们自己的这笔巨大的财富，我们每个人都有可能获得成功。

当然，像斯迈尔斯那样，相信自己，能正确认识自己的人大有人在。

亨利·沃德·比彻说道："不要看一个人拥有什么，而要看他应该做什么。"换句话说，即便你碰巧出身名门，家世显赫，但是，假若你自己没有自立的意识，总是抱着"背靠大树好乘凉"的想法。那么，你永远都无法以一个成功人士的姿态出现在大众面前。

林肯曾经和好心的克劳福德太太开玩笑，他说将来有一天，他可能会成为美国总统。克劳福德太太对此不以为然，但年轻的林肯这样回应克劳福德太太："哦，我会用功读书，时刻做好准备，然后，说不定机会就能够降临到我的头上呢。"

假若不是这个男孩下定决心提高自己的能力，不遗余力地发掘和培养自己的领袖气质，那么，白宫又怎么会对这样一位出身贫寒、成长在偏僻林区且举止笨拙的人敞开大门呢？

年轻时，法拉第曾经在一家药店工作。那时，他就梦想着自己能够成为科学家。于是，工作之余，他在一间小小的阁楼里借助极其粗糙的仪器完成了非凡的实验，将科学研究向前推进了一大步，并因此获得了汉弗莱·德卫爵士的赏识。

卷七
自己拯救自己

假若这个药店的小学徒整天只知道空想，等待有一天拥有很多仪器后再去进行实验的话，当他人问起德卫爵士，他眼中最伟大的科学发现是什么时，他还会回答说"是迈克尔·法拉第的发现"吗？

迈克尔·安吉洛利用其他艺术家丢弃的大理石废料，雕凿出绝妙的雕塑杰作《大卫》，因而把机遇紧紧地握在手里，这正是由于他懂得利用自己内在的财富去创造财富。

同样是活着，有的人活出的是多姿多彩，有的人活出的是一股怨气，而那些丧失了激情和创造力的人，活出的却是一种无奈与痛苦。这个世界是公平的，只是活着，就意味着拥有机会。

人生就像是一次爬山，爬的比你高的不一定比你强壮。同样，现在爬的比你高的人也不一定就永远比你高——活着，就意味着永远有机会，意味着你还有未来。

也许，有人曾经听到过这么一句话，上帝不会由于你的贫穷而拒绝你出生，也不会由于你的富有而延长你的寿命。你贫穷，但你不会永远贫穷；你富有，你也无法保证你会永远富有。我们每个人的未来都掌握在自己手中，关键看我们自己怎么把握。用自己的力量树立志向，而且敢于冒险，最后，成功一定会属于你，这些就是你身上所蕴藏的最大的财富。

因此，请珍惜我们自己这笔巨额财富！造就伟人的，都不一定是精良的工具、千载难逢的机遇、权势显赫的朋友或者庞大的财富等因素。取得成功的巨大力量就隐藏在你的身上，而不在别人身上。

也就是说，我们一直苦苦求索的难得机遇，实际上就是我们自己，而不是周围的环境。它不是所谓的机遇、运气与他人的援助，它就在我们自己身上。假若我们具有成功的能力，那么，没有人可以掩盖我们的光芒；然而，假若我们缺乏这种潜质，那么，同样没有人可以帮助我们取得成功。

造物主给予我们每个人的机遇都是均等的，需要我们自己找到钥匙，才能将成功的大门打开。

请珍惜自己——我们本身就是一笔巨额财富，这是上天给予我们的。

卷七
自己拯救自己

优秀品质助你成功

在很大程度上，是否具备优秀品质，决定着我们在为人处世时是否能够取得成功。俗话说："外在是内心世界的反映。"内心里没有的东西，就不可能显露出来。内在有了知识和才华，外在自然也就能表现出来。

所以说，只有具备了心灵的美好，气质才会美好；只有具备了心灵的杰出，行为才会杰出。因此，在很大程度上，人的气质与能力甚至成功是由内在的品质决定的。

斯迈尔斯认为，在任何环境条件下，一个具有优秀品质的人，最终都会超越同侪。外部的恶劣环境只会让其追求成功的道路变长，不过，并不能阻止他最终取得成功。成功源于强烈的期盼，孕育在痛苦的挣扎之中，是寻找自我并最终超越自我的结果。

人的地位可以卑微，不过，心灵一定要高贵，品质一定要优秀。有了高贵的心灵，才可能有优秀品质，有了优秀品质，我们才会获得成功。

美国佛罗里达州有一个杰出的青年，他的名字叫杰克。他不但事业有成，成了众多青年的偶像，而且对社区、社会做出了许多贡献，受到了大众的敬重。为什么他会拥有如此多优秀的品质，并做出这么巨大的成就呢？一时之间，美国人民竞相讨论。

一位记者专程登门拜访了杰克，杰克并没有给记者讲述多少动人的伟大理念，而是小心翼翼地拿出了自己珍藏多年的一个精美的小镜框，镜框里镶着一条美丽的蓝丝带。他对记者说，正是这条蓝丝带一直激励着他，他才有可能功成名就。接着，他向记者讲述了这条蓝丝带的故事。

原来，这条蓝丝带是杰克的父亲传给他的。他父亲年轻时，做过小旅馆的服务生。一天傍晚，一对老夫妇来到旅馆想要住宿，不巧的是旅馆早已客满。他父亲想尽了办法，也没有能够为这对老夫妇争取到一间空客房。他很不忍心地将这个消息告诉了这对老夫妇。看着这对老夫妇怅然若失的样子，他父亲突然想起了什么，于是，他让这对老夫妇"稍等片刻"。他父亲出去没多久就回来了。他告诉这对老夫妇说，他已经找到了一间客房，请他们过去看看是否满意。这对老夫妇发现，这个房间虽然很小，但非常整洁，似乎是刚被人收拾过。于是，两人表示很满意。

第二天早晨，这对老夫妇去前台付账时才得知，这间房子他是用自己的员工宿舍临时改建的，而他自己则在沙发上度过了一夜。这对老夫妇听后非常感动，说什么都要重谢这位极富爱心的小伙子，他却坚决不接受。最后，这对老夫妇想出了一个折中办法。他们留下一根蓝色的丝带给这位热情的年轻人做纪念，用来表彰他的真诚、爱心与先人后己的精神。他推辞不过就收下了。

几个月后，他收到了一封来自美国乔治亚州的邀请信，邀请他出席一个重要的会议，这封邀请信是美国著名的希尔顿饭店的老板发来的。

原来，那对老夫妇就是全美最著名的希尔顿饭店的老板，他们邀请这个年轻人去担任希尔顿饭店的负责人！

杰克对记者说，这是父亲留给他的最珍贵的礼物，是它——这条蓝丝带一直激励着自己不断付出，不断进取。他的成就就是这么取得的。

这个故事给我们的启示是多方面的。实际上，杰克的父亲正是因为自己的优秀品质才得到了希尔顿的老板的青睐，从而有机会担任希尔顿饭店的负责人，而杰克也正是从父亲那里继承了这样的优秀品质，才在自己的事业上取得了巨大的成就。由此可见，优秀品质的确可以帮助你取得成功！

不管在什么时候、什么地方，人们都喜欢结交具有优秀品质的人，排斥品行恶劣的家伙。拥有美好品行的一切原则都包含在这句话里：举止优雅招人喜爱，行为粗鲁令人厌恶。

我们总是不由自主地被一个乐于助人的人吸引，因为这样的人总能给他人以同情、安慰，竭尽所能地助人脱离困境。反之，我们都鄙视、唾弃另外一种人，他们斤斤计较、处心积虑，总想着从你那儿得到什么。他们会在公共汽车或音乐厅里左挤右突，为的是去抢最舒服的座位。不管在餐厅，还是在旅馆，他们总是目中无人，让他人在他们后面排队等候。

优秀的品质有时能为你带来极大的好处，比如，让你在第一次见面时给人留下美好的印象，或者是当你去接近一个多年就认识但关系泛泛的潜在顾客时，不表现出任何冒犯之意，不引起对方任何心理上的不快,相反,还促使对方达成良好的意愿。这些行为本身就是一种很大的成就。尤为重要的是,这可以为你带来可观的经济效益。

当你与一个有优秀品质的人交往时,他会主动挖掘你身上存在着的各种潜能,让你发现自己以前所忽视的潜力。如此一来,你就敢于说以前不敢说的话,敢于做以前不敢做的事。这时,你的能力在飞速提高,才智也在慢慢增长,优势也在不断增强。

演说家的激情常常来自于听众,而他又将这种激情反馈给了听众,激起他们更高的热情。不过,这种情形与一个化学家在实验室里将不同的化学药品混合来得到一种强大的能量不同,演说家获得的激情不会来自于观众里的某个人。正是在双方的交流、融合的过程中,才逐渐产生了新思想、新力量。

斯迈尔斯认为,成功属于具有优秀品质的人,这一点毋庸置疑!那么,具体来说,什么是优秀的品质?我们应该具有哪些优秀的品质呢?

斯迈尔斯认为,一个想要成功的人,一定要具备许多优秀品质,这其中,有八项是成功人士必备的:

一、谦虚

最无知的人才最傲慢。斯迈尔斯对一些国家的总统或首相进行过专门研究。他发现,虽然他们身边的一些人或许比较傲慢,但他们本人一般都不是这样。斯迈尔斯据此指出,一个人地位越高,也就越谦虚,就是靠着这一点,才让他们赢得了人们的普遍爱戴。

二、锻炼自己的口才

许多成功人士都可以清楚地表达自己的感受与想法，从而激励自己的团队。而要做到这一切，锻炼自己的口才就是必不可少的。长期坚持训练自己的口才，往往能有效地影响他人。

三、百分之百的诚信

诚信与成功之间的关系，就像山与水之间的关系一样。山的厚重与坚固象征了人与人之间的信任与依靠，而诚信正是一种如山一般的品质。水的流动与冲力象征着人对自己的生活采取一种灵活与坚持的态度，成功正是对水一般品质的报偿。诚信与勤奋是成功的基石，一个人无论是想成为仁者还是智者，都需要处理好诚信与成功的关系。

四、学会良好的社交技巧

良好的社交技巧是社会交往的有效手段，掌握良好的社交技巧不但可以扩大我们自己的交际范围，更能够提升我们的自身格调。对他人真诚以待、面带微笑，记住他人的名字，善于倾听并且引导他人谈论自己，谈论他人感兴趣的话题，让他人感到自己的重要性……这些是最基本的社交技巧，我们一定要彻底掌握。

五、学会最得体的社交礼仪

社交礼仪是指人们在人际交往中所具备的基本素质、交际能力等。社交在人际交往里发挥着越来越重要的作用。通过社交，人们能够沟通心灵，建立深厚友谊，取得支持，获得帮助；通过社交，人们能够互通信息，共享资源，对取得事业成功不无裨益。随着人们互相合作、互相交往的机会越来越多，怎么学会尊重自己、尊重他人，同时凸显个人魅力，这对于我们的成功至关重要。

六、得体的仪表、风度

得体的仪表和风度，是展示自信并对他人表示尊敬的一种方式。

七、多结交能启发灵感并充满爱心的朋友

假若你周围尽是些吝啬、冷漠、无趣的人，那么，你有可能也会变成这样。

八、良好的修养

良好的修养包含了外貌、声音、举止、言谈四个方面的内容。

总之，优秀品质有一种内在的魅力，这种魅力让人难以拒绝。没有人会讥笑有这种魅力的人，因为他们身上放射着耀眼的光芒，消除了所有人的偏见。不管你有多忙，有多焦虑不安，面对这种具有令人愉悦品质的人，你都不可能断然地拒绝他们。

卷八

最伟大的力量

原著[美]马丁·科尔

每个人都拥有最伟大的力量

不少人抱怨自己的生命，对生活感到厌烦，觉得没有一件事称心如意，殊不知，他们实际上都具有一种能力，这种力量可以让生命再现新机。

假若你注意到这个力量的存在，并且懂得对其加以利用，那么，就可以让生活完全改观，让你的生活完全合乎自己的理想。于是，烦恼不堪的生命会变得美满快乐，失败能够变成成功；曾经穷困潦倒的生活将会再现生机；怯懦能够变成自信，退缩恐惧都能够变成从容自在。

人在一生当中，充满太多的逆境。有时，困难与挫折甚至接连不断；有时，你或许会同时面临各种不同的难题。过不了多久，你就会产生一种悲观的想法：生活太艰难，生活就像是一场无休无止的战争，命运太无常，命运老是跟自己过不去……因此，认命吧，反正你败局已定。接着，你就会临阵退缩，而且坚信无论你如何努力都无济于事。

向命运认输的人后来会转而将希望寄托在自己的子女身上，期望他们以后可以出人头地。有时候，这确实是一种希望，不过，下一代也有可能重蹈父母的覆辙。还有一些人的结论是，事到如今，只有一条路可走……于是，他们借自己的手结束了自己的生命——自杀。

卷八
最伟大的力量

令人遗憾的是，从开始到结束，这些人都没有能够发现，有一种力量可以将他们的命运改变。他们从没有正视过这种力量，甚至很可能不知道它的存在，他们仅仅看到不计其数的和他们一样挣扎、彷徨的普通人，便因此断定：这就是生活。

莱孟德·迪欧维斯讲过这样一个故事。亚历山大图书馆被大火焚毁的时候，有一本书幸免于难。不过，这并不是一本多么珍贵的书，一个穷人用一个铜板买下了这本书。这本书的内容对于这个没有念过书的穷人来说简直无聊透顶。然而，书里夹着的一张薄薄的羊皮纸却引起了这个穷人的浓厚兴趣。这个穷人费了好半天工夫，才看清楚，这上面写着"点石成金"的奥秘。

"点石成金"里的"石"，指的是一块小圆石，这块石头可以将任何普通金属都变成纯金。只见小纸片上密密麻麻地写着：这块奇石在黑海岸边就能够找到，不过，奇石的外观和岸边的其他碎石子别无二致。其中的奥秘是，奇石摸起来是温的，而普通的石头摸起来是凉的。于是这个穷人将家当变卖掉，带上简陋的行囊，从此以后，一直露宿在黑海岸边，准备捡奇石。

他明白，假若他将捡起来的凉的石子随手扔掉的话，那么，很可能会不断重复捡到自己已经试过的石子，而无法辨认出真正的奇石。因此，每当捡起一块凉的石头，他就将它丢进海里。一整天过去了，没有一块石头是个奇石。一个星期过去了，一个月、一年过去了，他还是没有找到奇石。不过，他并没有泄气，而是继续捡，继续丢……每天重复。

一天早晨，他捡起一块石头，是温的！然而，他却把它顺手扔进了海里——由于他已经养成了向海里扔石头的习惯——这个动作太根深蒂固了，以致当他梦寐以求的宝贝出现时，他照旧把它扔进了海里！

唉！有多少次，当这股力量来临时，我们却没能及时看清？有多少次，我们听凭这股力量擦肩而过却对它视而不见？又有多少次，这股力量是如此真切地在我们面前现形？

悲哀的是，我们并没有正视它有多少潜能，可以发挥多大效力。

在阐明这种巨大力量是怎么回事之前，先来看一个发生在非洲的故事。

一名探险家走进了非洲的一片荒野里。他随身携带的一些不怎么值钱的小装饰品，打算将它们送给当地的土著居民。在这些东西里面，有两面大镜子。他将这两面镜子靠着两棵树放好，然后，就坐下来和他的手下人谈论有关探险的事情。

这时，一个土著居民的手里拿着一杆长矛朝着镜子走来，当这个土著居民朝镜子里望去时，他看见了自己的影子，于是，开始向镜子里的对手刺去，当然，他打碎了这面镜子。这时，这名探险家朝这个土著居民走去，问他为什么平白无故要将他的镜子打碎。这个土著居民回答："他要杀我，我就先杀了他。"这名探险家对这个土著居民解释，镜子不是用来干仗的，并且把他领到第二面镜子前。

这名探险家指着这面镜子对这个土著居民解释："瞧，镜子是这样一个东西：通过它，你能够看到你的头发有没有梳直，你脸上的油彩涂得是不是合适，你的胸部多么健壮，你的肌肉多么发达……"这个土著居民回答："哦，我不明白。"

在这个世界上，无数的人都和这个土著居民一样，用相似的态度来面对生活中的各种问题，在生命的任何一个转折点上，他们都认为将会发生一场战斗，结果通常也的确如此；他们预先假设会有敌人，结果真的遇到了敌人；他们认为计划执行起来将会困难重重，结果的确事事不如人意。

"假若不是这样，我肯定会是另外一个样子，总之，一定会有什么问题发生……"对成千上万没有认识到这种巨大力量的人来说，事情的过去、现在、将来都是一样的，不会发生什么改变。这种伟大的力量是潜伏着的，是隐秘的。为什么这个世界上会有那么多人始终过着平淡的，甚至困苦的生活呢？那是因为，只有少数人能够意识到这种伟大的力量的价值，而这种伟大的力量一旦与人擦肩而过，就会永远不再回头，也就再也追不回它了。

人生来就必须面对生活给予的各种挑战。你是否有过这样的经历：曾经自己与生活中的各种困难抗争，但发现问题总是没完没了。其他成千上万的人和你一样，也曾经试图挑战生活的困境，但却一败涂地。难道没有什么方法能够扭转这种局面，让自己过得好一点吗？赢得美好人生、让生活充满幸福的答案到底是什么？

那就是，我们必须在生活中充分理解生活的意义。而理解生活的前提就是，我们要懂得怎么去充分利用我们与生俱来的那种伟大的力量。

这种伟大的力量令人诧异之处在于，任何人都可以运用它。它并不需要你经历过什么特殊的教育或训练，这不是那种你必须有特殊的资质才能成功地利用它的能力。这也不是一种某些人特别具有的能力，运用它的人不必有任何财富或威望——这是一种每个人与生俱来的能力，不管他穷还是富，是失败还是成功，也不管他出生在贫民窟还是富人区。我们越早认识到这种能力，生活就能越快转入正轨。

生活中，很多人都没有注意到，当他们来到一家鞋店时，可以选择买一双皮鞋，也可以选择买一双运动鞋；当他们到一家服装店时，可以要一件浅色的外套，也可以买一件深色的西装；当他们听收音机时，可以将频率调到娱乐频道，也可以将频率调到新闻频道；当他们走进冰激凌店时，可以吃一个巧克力冰激凌，也可以喝一杯柠檬汁；当他们想要去电影院时，可以选择去附近的一家电影院，也可以选择去闹市中心的一家电影院；当他们准备买一辆小轿车时，可以选择这一个品牌的小轿车，也可以选择那一个品牌的小轿车……

是的，所有事情都有不同的结果，只要你做出选择。

换言之，每个人所拥有的最伟大的力量就是选择的力量。

卷八
最伟大的力量

选择财富

　　成千上万的人在追求财富。他们都希望自己可以说:"从现在起,我再也不必担心钱的问题了。"他们都想摆脱缺少金钱带来的烦恼。因此,他们想尽了各种发家致富的办法,但却一事无成。如此一来,他们垂头丧气,断定自己注定与财富无缘。他们想方设法,无所不用其极,但他们不知道,能够改善他们的现状的唯一办法,就是改变自己的想法。

　　马丁·科尔曾经遇到过这么一个人,他的经济状况不佳,他的太太满腹委屈,她说她怕出门,因为上门来的都是催账要钱的人,家里的情况非常糟糕。

　　马丁·科尔给了这对夫妇一本书,希望这本书可以帮助他们改变自己的想法。这位太太瞥了一眼这本书说:"我不看这种东西,里面没有什么可看的。"丈夫却说:"我倒是有兴趣看看,你放那儿吧。"后来,这位先生逐渐有了不同的想法,他焕发了一种全新的生命力。不到一年的时间,这对夫妇就搬进了高级社区,家具全部换了新的,甚至还有钱预订一部新车。

　　马丁·科尔并没有给这位先生任何金钱上的资助。当然,就他当时的情况而言,钱对他一定是最有用的。然而,钱只能帮他解燃眉之急。

马丁·科尔所做的，就是将他引导到正确的道路上，让他可以运用思想的力量来改善他的经济状况——这也正是其他想要提高自己的经济能力的人最需要做的——假若不从根本上去改变想法，就永远别想改善自己的经济状况。

绝大部分的人都忘了一个基本道理：牙齿是由内往外生长的。同理，我们也应该从改变自己内在的想法入手。一旦我们可以将自己的金钱观改变，我们的经济状况也就会随之改善。因此，让我们选择一种健康、正确的金钱观或者经济观吧。

然而，我们每天听到的大都是这样的话："我很喜欢那个东西，但是我买不起。""我买不起""我花不起"……没错，你是买不起，但是不必挂在嘴上。只要你不断地说"我买不起"，你这一辈子就真的会一直这样"买不起"。

选择一个较积极的想法。你应该说："我会买得起的，我要得到这个东西。"当你在心中建立了"要得到""要买"的想法时，你就同时有了期待，你就在心里建立了希望。千万不要摧毁你心中的希望之光，一旦你舍弃了希望，那么，你也就使自己的生活陷入了彷徨与失望之中。

有个年轻人是个所谓的"万能先生"，他可以将很多事情都处理得很好。然而，虽然他不管做什么事情都能够成功，却没能赚到多少钱。人们不能理解这是为什么。他有抱负，讨人喜欢，且性格开朗，但在金钱方面，他却一年又一年徒劳地奋斗着。最后，这个年轻人请人给他指出他的问题所在。

他不断对人表白:"除了赚钱,什么事情我都可以干好。"一旦他开始意识到他的问题其实很简单,只是他对选择的想法有点糟糕的时候,事情就开始发生变化了。他不再说:"除了赚钱,什么事情我都能干好。"而是开始说:"我什么事情都能干好,包括赚钱。"

在几年的时间内,这个人的财务状况就发生了变化。他真的开始学会赚钱了。他开始在金钱方面出人头地,现在,人们都说他是个富翁。这个人本来也可能终其一生能处理好许多事情却赚不到钱。一旦他认识到自己的问题,并且努力去改善时,他的财务状况就开始向好的方向发展了。

由此可见,选择的力量真的可以给你带来财富。

选择幸福

幸福其实只在于你的选择而已。在每天醒来时和每晚就寝前,一些成功人士都会将这句话——"我会过得越来越好"——朗诵好几遍。对他们来说,这句话并不是华而不实的语言,而是他们选择幸福的重要方式。

善于选择的人总是做自己想做的事情——一个人一辈子能够做自己想做的事情,毋庸置疑是世界上最幸福的事情。那么,到底是什么决定着你的未来是否幸福呢?答案只有一个,恰恰是你自己。

美国有一位相当有名的电视节目主持人。一次,他邀请一位德高望重的老先生到他的节目里来做客。在节目中,这位电视节目主持人问这位老先生:"您为什么会如此幸福呢?您一定有关于创造幸福的独门秘诀吧!"

"没有,没有!"这位老先生回答说,"完全没有什么独门秘诀,幸福这件事就好比每个人脸上长着嘴巴一样,再平常、再容易不过了。我仅仅是在每天早晨起床时做一个小小的选择罢了。你们觉得我会选择什么呢?对,我不过就是选择'幸福'。"

乍听起来,这件事或许没有什么吸引力,而这位老先生的见解似乎也稀松平常。不过,正是这件事让我想起了一句令人振聋发聩的话。这句话是美国前总统亚伯拉罕·林肯说的。他说道:"如果一个人下定决心想要获得幸福,那么,他就会幸福。"世界上再也没有比这个道理更通俗易懂的了。

如果你选择的是不幸,如果你告诉自己,事业进行得很不顺,没有任何令人满意的事情,等等。如果是这样,那么,我敢断言你,一定会变得"很不幸"。相反,假若你常常对自己说:"我的事业进行得非常顺利,生活也过得相当舒适。"如此一来,你就会得到自己所选择的幸福,现实中有许多这样实实在在的例子。

在现实生活中,到处都有人因为内在的挫折、仇恨、恐惧、罪恶感等,而给自己的幸福带来损害。显而易见,要得到幸福的秘诀之一,就是摆脱所有不健康的消极思想。我们一定要选择净化自己的心灵,除去心中的消极念头。

时常有人会提起,愤愤不平的情绪常常会诱发疾病。美国一位政坛元老也曾经说过:"有两件事情对心脏不好:一是跑步上楼,二是诽谤他人。"这两件事情不仅对心脏不好,而且对人的身体也有害。因此,学会宽恕很重要,你将会发现体谅他人而引发的奇妙效果。

情绪上的不满与积怨,多年以后会在生理上引起病痛。但是,也有人因为日常生活的不愉快而引起头痛、背痛、关节痛。

很多报纸曾经报道过一条新闻:一名男子在过马路时不幸被车子撞倒而险些丧命。事故鉴定报告说,这个人有肺病、溃疡、肾病等病症,而且,心脏机能非常衰弱。许多人会认为,这个人肯定活不了多久了。

出人意料的是，他竟然活到了84岁！

为他做鉴定的医生说："这个人一身是病，一般情况下，身体素质这么差的人，早在30年前就应该死去了。"有人问他的妻子，他怎么会活这么久？她回答说："我的丈夫一直坚信，他明天一定会比今天过得更好。"

不少人认为，在运用积极心态时，多使用积极的表述也有利于身体健康——语言暗示对人的健康是有巨大影响力的。

的确，若你经常运用消极的话语来描述你的健康状况，就可能激发出不利于身体健康的消极力量。你习惯性使用的一些消极字眼会反映出你内心的某些消极思想，而你的思想是否积极，则会对你的内部脏器产生或好或坏的影响。

美国精神治疗协会前任会长卡特博士，在谈到一个人的态度对健康的影响时，甚至反对像"我今天不会生病"这样的说法。他认为，那仅仅是半积极的态度，而应该改说："我今天觉得比昨天好。"这是非常积极的陈述，因而是一种更健康的想法。

卡特博士说："积极的态度是以科学的事实为基础的，这些事实源自于医学、化学、生物学等。正确地运用积极的态度将有助于改善你的健康，延长你的寿命，让你精力旺盛，精神愉悦，从而在各个方面都能取得成功，并且，还能为你保持一个最重要的东西——心灵的宁静。"

这是一些采取积极态度对待健康的成功例子，你不妨试一试。谨记，要每天坚持不懈地训练自己用积极的思想、心态考虑问题。

实际上，拥有积极心态只是获得幸福的第一步。第二步就是把这种积极心态付诸实践。当你在做的时候，你心里必须想着"这些都是存在的事实"。积极的行动会让你充满活力，从而变得更加积极、乐观。你会很惊讶地发现，自己充溢着新的能量与活力。

想要获得幸福的人，应该始终保持积极的态度，这样，幸福才会被吸引到你的身边。相反，那些态度消极的人无法吸收幸福的能量，只会让幸福避而远之。

卷九

如何控制你的情绪

原著[美]约翰·辛德勒

获取成功的首要条件是懂得自制

最伟大的有关生活的基本原则，往往包含在我们大多数人根本不在意的、最普通的生活经验里。同样，真正的机会也经常隐匿在看起来琐碎的日常小事里。

你可以立刻去询问你遇见的任意十个人，问他们为什么不能在自己所从事的工作里获得更大的成就。这十个人里至少有九个可能会告诉你，他们并没有遇到好的机会。你可以对他们的行为进行一番考察，以便对这些人作进一步的分析。你将不难发现，他们在这一天的每个小时里，不知不觉间已将他们眼前的大好机会白白错过了。

一天，约翰·辛德勒站在一家商店出售手套的柜台前，和一名年轻的雇员聊天。这名年轻人告诉约翰·辛德勒，他在这家商店服务已经四年了，不过，由于雇主的"短视"，他的服务并没有受到雇主的赏识，所以，他眼下正在寻找新的东家，准备随时跳槽。

在谈话中，一位顾客走到他面前，要求看看一些帽子。

然而，这名年轻店员对这名顾客的请求却视若罔闻，继续和约翰·辛德勒闲聊。这名顾客明显已经显得有些焦躁了，但他还是不管不问。

最后，他将话说完了，这才转身对那位顾客说："这儿不是帽子专柜。"

那位顾客又问:"帽子专柜在哪儿?"

这名年轻店员回答:"你去问那边的管理员好了,他会告诉你怎么找到帽子专柜。"

四年以来,这名年轻店员始终都处在一个很好的工作环境里,不过他不知道,他原本能够和他所服务过的每一个顾客都成为朋友,而这些顾客的赞誉本可以让他成为这家店里最有价值的人。

另一个故事正好与此相反。

一个雨天的下午,有一个老太太走进匹兹堡的一家百货公司,无所事事地在公司里闲逛,显而易见,她不打算买任何东西。大多数的售货员只扫了她一眼,然后就自顾自地忙着整理货架上的商品。

这时,一名年轻的男店员看见了她,马上主动向她打招呼,并且很有礼貌地迎上去问她,是否有什么需要。

这个老太太对他说,自己仅仅是进来避雨,并不打算买什么东西。这名年轻的男店员安慰她说:"即便如此,我们店仍然欢迎您。"随即主动和她聊起天来。

当这个老太太临别时,这名年轻的男店员还陪她到街上,为她将伞撑开。这个老太太要了他的名片就走了。

这名年轻的男店员本来也没把这件事放在心上。不过,一天,公司老板突然把他叫到办公室里,拿出一封信给他——这封信正是那位老太太写来的。

这个老太太在信上点名要求这家百货公司派这名男店员去苏格兰，并以这家公司的名义为她筹备装饰一所豪华住宅所需的全部物品。

原来，这位老太太就是美国"钢铁大王"安德鲁·卡内基的母亲。

试想，若这名年轻的男店员没有好心地接待这个不想买东西的老太太，那么，他还会得到如此千载难逢的晋升机会吗？

或许你会问，假若想要与众不同，是否有一种特殊的方法呢？

没错，是有这样的方法。约翰·辛德勒将这种方法叫作"自制的七个C"。下面，我们会逐一加以介绍。

一、控制自己的时间（Clock）

虽然时间不断流逝，但是也可以由人支配。你可以选择时间来工作、学习、娱乐、休息……

尽管客观环境不一定能任人掌握，但人却可以自己制订长期的计划。一旦我们能够控制时间，就可以改变一切，从而让自己每天的生活都充实、惬意。

你必须记住，时间就是生命，把握时间，就是把握生命。

二、控制思想（Control thoughts）

你完全能够控制自己的思想和想象力。不过，你一定要记住：再好的想法也必须在奋斗之后才会实现。

三、控制接触的对象（Contacts）

也许，你难以选择共同工作或一起相处的全部对象，但是你能够选择共同度过最多时间的同伴，也能够认识新朋友，找出成功的楷模，向他们学习。

四、控制交流的方式（Communication）

你能够控制自己说话的内容与方式。记住，在谈话的时候，你是学不到多少东西的。所以，良好的沟通方式最主要的就是聆听、观察和吸收。当你和他人沟通时，你们都需要通过信息来获得有用的内容，并了解彼此。

五、控制承诺（Commitments）

你应该选择最有效果的思想、交往对象与沟通方式。你有责任让它们成为一种契约式的承诺，并且将相应的次序与期限确定下来。当然，我们一般都是按部就班、循序渐进地实现自己的承诺的。

六、控制目标（Causes）

有了自己的思想、交往对象与承诺之后，你就能够确定生活中的长期目标，而这个目标也就成了你的理想。

如此一来，你肯定就会有崇高的理想以及关于生活的长期计划，这就给了你无尽的勇气与信心。

七、控制忧虑（Concern）

普通人最关心的，莫过于怎么创造一个充满愉悦的人生。多数人对那些有可能威胁自己价值观的事情都会有情感上的反应。

你一定知道"种瓜得瓜，种豆得豆"的道理。所以，你一定要为自己的行为负责。在漫长的人生旅途里，你必然要面对各种困难，或从事具有挑战性的工作。而自我的满足感正是从不断的努力中获得的。人生的真正报酬取决于你付出的努力的多寡。

无论时间长短,你都可以为自己播撒希望的种子,从而得到良好的收获。就像你所干的工作,必须先定出目标、任务,才能谈论薪资与各种福利待遇。

如何驾驭自我意识

约翰·辛德勒曾经说过这样一句话:"一切的成就,一切的财富,都源自于这样一个信念,即自我意识。"

自我意识是一个人对自己的认识、评价与期望,也就是对自己的心理体验,即"我属于哪一种人"的自我观念。

具体来说,自我意识包括个人对下面这几个问题的回答:

我是个什么样的人?

我有什么样的个性?

我有什么样的优、缺点?

我有什么价值?

我是否具有巨大的潜能?

我期望自己成为什么样的人?

我能够达到什么样的目标?

自我意识就是"我属于哪一种人"的自我观念,它建立在你对自身的认知与评价的基础之上。一般来说,一个人的自我观念都是基于过去的成败得失、别人的评价看法、自己与环境中他人的比较意识,特别是童年经历等不自觉地形成的。

根据这几个方面,人的心理就形成了"自我意识"。

就我们自身而言,一旦某种与自身有关的思想或信念进入这幅"自我的肖像",它就会变成"真实的"。在此之后,我们很少去怀疑其可靠性,而只会依据它去活动,就像它的确是真实的一样。

著名心理学家马尔茨说,人的潜意识就是一部"服务机制"——一个有目标的电脑系统。而人的自我意识就好比电脑程序,直接影响这一机制的运动与结果。

若你的自我意识是一个"失败者",你就会不断地在自己内心的"荧光屏"上看到一个灰心丧气、难当大任的自我,接收"我没出息、没有长进"之类的负面信息。然后,你就可能会感受到自卑、沮丧、无奈与无能——而你在现实生活里就"注定"会失败。

另一方面,若你的自我意识是一个"成功人士",你就会不断地在你内心的"荧光屏"上看到一个踌躇满志、不断进取、敢于经受挫折与承受强大压力的自我,接收到"我做得很好,而我以后还会做得更好"之类的鼓舞信息,然后感受到自尊、喜悦、干劲、成就感——而你在现实生活里就"注定"会成功。

自我意识的确立非常重要,它的正面或负面倾向,就是你的人生走向成功或失败的指南针。一般而言,自我意识有如下一些特点:

一、人的所有行为、感情、举止、才能始终与自我意识息息相关

一个人将自己想象成什么样的人,其就会按照那样的人的方式行事。可以说,自我意识是一个前提,一个根据。你的全部个性、行为,甚至能力，都是建立在这个基础之上的。假若你从心理上逃避成功，害怕成功，当你面对机会或挑战时，就肯定会畏葸不前。

如此一来，你即便不是一个失败者，也是一个平庸之辈。因为，在你的自我意识里，已经默认了"失败者"的自我意识。

事实上，假如改变一个人的自我意识，无论是学生、教师还是商人、企业家，其学业、事业都会发生奇迹般的变化。

二、自我意识是能够改变的

你无法改变某种习惯或者生活方式，好像有这么一个原因：几乎一切试图有所改变的努力，都集中在所谓的"自我行为模式"上而不是意识结构上。

许多人对心理咨询或心理指导不以为然，这或许是因为，他们想要改变的是特定的外部环境，或者特定的习惯和性格缺陷，而从来没有想到需要改变造成这些状况的根源——自我意识。

普莱斯科特·雷奇，是自我意识心理学的先驱之一，他在这个问题上做了最早的也是最有说服力的实验。

雷奇认为，个性是一套思想体系，思想与思想之间必须一致。同这个体系不一致的思想容易受到抵触或排斥，因此也就无法引导人的行为。相反，和这个体系一致的思想，则容易被采纳。

你很容易能够看出，这套思想的中心，就是个人的"自我理想"，即自我意识，或者自我观念。雷奇是一位教师，他通过对几千个学生的实验，来验证了自我意识的理论。

雷奇的自我意识理论认为：如果一个学生学习某一门学科有困难，或许是因为在这个学生看来，自己不适合学习这门学科。

不过，雷奇相信，假若改变学生的这种自我观念，那么，其对这门学科的态度也就会随之改变。如果几千名学生因为改变了自我意识进而改变了对自我的定义，其学习能力也就会发生相应的改变。

事实上，他的这种理论得到了有力的验证。他的调查结果如下：

一个男生在100个英语单词中拼写错了55个，而且，他的很多课程都不及格，以致失去了一年的学分。然而，出人意料的是，一年后，这个学生的各科平均成绩竟然达到了91分，一跃成为全校单词拼写测验成绩最优秀的学生。

另一个男生因为成绩太差而被迫转学。后来，这个学生进入了哥伦比亚大学，他在那里却成了优秀学生。

一个女生拉丁文考试成绩4次不及格，学校辅导员找她谈了3次话。后来，这个学生竟然以84分的成绩通过了拉丁文考试。

一个男生被美国一家权威的考核机构认定为"英语能力欠缺"。然而，第二年，他却荣获了学校"英语文学奖"的提名。

这些学生的问题显然都不是智力水平不正常，或基本能力欠缺，而是缺乏正确的自我意识。他们之前都曾"确认"了自己的错误与失败，不是说"我考试失败了"，而是认为"我是个失败者"；不是说"我这门功课不及格"，而是说"我是个不及格的学生"。

要想有所成就，并且不断地完善自我，你就一定要有一个适合的、现实的自我意识，并且有健全的心智。

一定要相信自己；一定要不断地肯定和强化自我价值；一定要恰如其分地、有创造性地表现自我，而不是将自我隐藏或遮掩起来；一定要有和现实相适应的自我，以便在一个现实的世界里有效地发挥自己的潜力。

另外，你也可以通过长期的自我观察或借助心理咨询师的指导，逐步而客观地认识到自己长处与短处，并且积极地、现实地对待这些长处与短处。

当自我意识日臻完善而稳固的时候，你会有"良好"的感觉。而且，你会感到信心百倍，会自在地作为"我自己"而存在，并学会自发地表现自己。

假若自我成为逃避、否定的对象，个体就会将它隐藏起来，不让自我有所表现，创造性的表现也就因此受到阻碍，内心就会产生强烈的压抑机制，而无法与人和谐相处。

你的内心真正需要的，是更丰富的人生、充实的心灵，以及崇高的目标，而这些都能够从丰富的生活与积极的创造过程中体验到。

当你体验到幸福、自信、成功的感觉时，你就是在享受丰盈的、充实的生活。

当你落魄到压抑自身的能力、浪费自己的天赋才能，让自己恐惧、不安、忧虑，甚至于达到自我谴责与自我厌恶的程度时，无疑，你就是在扼杀自己的生命力，是与自我的发展与完善背道而驰。

保持平稳良好的情绪

对所有人来说，不良的情绪有害无益，而平稳、良好的情绪自然是有益无害的。约翰·辛德勒认为，想要拥有一颗完美的心灵，你就必须注意自己的情绪，让它尽可能地保持平稳、良好的状态。

保罗·怀特是约翰·辛德勒的好友，也是美国当时有名的心脏病专家，他曾经建议约翰·辛德勒把注意保持稳定的情绪这一点带入治疗病人的过程之中。

在保罗·怀特看来，保持平稳良好的情绪，有以下几点重要性：

一、良好的情绪具有特殊的疗效

在人们对荷尔蒙（ACTH）还一无所知的时候，保罗·怀特博士的一个病人就通过亲身经历告诉了他们真相。

她是一位年轻的母亲，有两个幼小的孩子和一个终日酗酒、无所事事的丈夫。她得了可怕的风湿热，整天卧病在床，就这样维持了三年。她的医生说，最多还有一年的时间，她就会与世长辞。

听了这个消息，她的情绪一落千丈，一点求生的愿望也没有。不过，一个偶然的事件，彻底改变了她原本不幸的命运——她的丈夫突然离家出走，将两个孩子留给了这个生命垂危的可怜人。更糟糕的是，他

卷九
如何控制你的情绪

连一丁点生活费也没有给他的老婆孩子留下。而正是这个突发事件,让她从忧郁绝望中解脱了出来。

当保罗·怀特博士去看她时,她很坚强地说:"怀特医生,我必须起床,我还要照顾、抚养我的两个孩子呢。"

保罗·怀特博士安慰她说:"亲爱的女士,我也希望你能尽快康复,不过,你的心脏恐怕会受不了的。"保罗·怀特博士是她的主治医生,对她的心脏状况了如指掌。像她这么虚弱的一个人,如果忙碌起来,心脏怎么能承受啊。

只要是怀特医生看过的病人,他一般都能够清楚地掌握病人的具体情况,这一点毫无疑问。不过,这一次,保罗·怀特博士却低估了ACTH这种荷尔蒙产生的生理作用。当然,在这时,人们还不知道ACTH是什么东西,能起到什么作用。

同时,保罗·怀特博士也低估了人类的情绪刺激垂体产生正常荷尔蒙的可能性。不顾怀特医生的反对,这位年轻的母亲鼓起勇气,她充满着激情与兴奋,开始下床工作。就这样,她竟然独立抚养两个孩子达8年之久,然后才溘然长逝。

任何一个细心的医生,在积累了数年的行医经验之后,都可以随口说出几个与这位年轻母亲类似的故事。通常,医生们会在病人做完外科手术后看到类似的例子。保罗·怀特博士工作的医院里,有一个外科医生对一个病情急剧恶化的病人实施了手术——这是个难度极大的手术,不过,这个外科医生最终将这个男人的生命从病魔手里夺了回来。

手术过后的第三天,这位同事让保罗·怀特博士去看看这个病人,并对怀特博士说:"他原本是个快要死的人。"保罗·怀特博士看过他的病历卡,从治疗记录上来看,他的确病得很严重,离死亡似乎只有一步之遥。保罗·怀特博士来到他的病房时,这个病人还是有意识的,不过,情况似乎也仅仅如此而已。

"你好,亨利,今天感觉如何?"怀特医生问道。

亨利轻松地笑着,那一刻,从他的眼神里,保罗·怀特博士可以看到一种坚定的、充满信心的光辉。保罗·怀特博士真不知道他的身上是如何产生这样巨大的力量的。

虽然亨利的身体依然十分孱弱,他却自信地回答说:"噢,感觉好极了,过几天就可以出院回家了。"

亨利身上的那种积极、乐观精神的确起到了很大的作用,最终,他康复出院了。假若当时他没有那么坚定、乐观,充满自信,那么,情况肯定会迥然不同,很可能他真的就会活不了几天。

另一个令人震惊的病例发生在一个中年妇女身上。保罗·怀特博士永远也忘不了,她是因为无法控制的大出血而住进医院里的。

她的病情十分严重,每次保罗·怀特博士到她病房来时,都会觉得她活不了几天了。但是,不管他什么时候问她,她总是带着轻松而喜悦的微笑,坚定地回答说:"我很好,今天我都能坐起来了。我想,很快我就可以回家了。"

靠着这种有时比药物还管用的精神动力,她最终的确痊愈了。

二、良好的情绪甚至会产生奇迹

在保罗·怀特博士所生活的时代,人们所掌握的有关荷尔蒙的知识还不完全,像碎片一样零零星星地散落在漫无边际的医学世界里。即便这样,这些零散的碎片也足以令许多病情严重的病患看上去像是发生了奇迹!

当然,人们了解的有关荷尔蒙的知识越多、越丰富,自然界的精彩之处也就会越来越明晰。用事例来说明上面的结论并不是困难的事情,这样的例子我们能够举出成千上万。

在抗菌素还没有问世时,有一个男人得了肾部感染。在1934年,这就已经是非常严重的疾病了。这个病人的脾气非常暴躁,对人充满着敌意和火药味,简直令人憎恶。他的身体每况愈下,种种迹象表明,是他的不良情绪刺激了垂体,分泌出了过多的荷尔蒙。

后来,他的病被一个医生治好了。那个医生让这个男人改变了原来的坏情绪,变得高兴起来,俨然换了一个人。那个医生激发了他的热情,给了他勇气与希望。结果,这个病人的荷尔蒙分泌达到了平衡,并且产生了强大的抵抗力。

三、良好的情绪会产生良好的效果

良好的情绪能够对人体产生良好的效果。这是因为,良好的情绪可以替代让人焦头烂额的坏情绪,可以给垂体带来积极的影响,从而让人体的内分泌水平达到最佳的平衡状态。

你可以用这样的方式来表达这种身体和情绪共同作用的平衡状

态——"嘿，我感觉好极了！""感觉好极了"就意味着你的身心没有不适感，而这时，体内的各种分泌都已达到最佳的平衡状态。

卷十
像赢家一样思考

原著[美]丹尼斯·威特利

向赢家学习

生而为人，谁不想干一番事业，不想做出一些成绩？然而，很多时候，人们都喜欢把这些愿望硬加在自己身上，以为独立地完成一件事才是自己的本事。即便别人比自己强，自己也要逞强应付，绝不向别人请教——这种爱面子的心理常常会成为这些人的沉重负担。

有一次，美国哈雷摩托车的主管去日本本田摩托车公司设在俄亥俄州的工厂里访问，结果让他们大为惊讶。当时，本田公司在美国重型摩托车市场里拥有40%的市场占有率。由于那时骑摩托车的人都认为，本田摩托比起哈雷摩托来，既好骑、耐用又十分便宜，所以，本田公司成了哈雷摩托车公司最强劲的竞争对手。

起初，哈雷只想学学本田用来打败他们的高新科技，不过，在本田摩托的车间内，他们并没有看到计算机，也没有看到机器人，也没有特别的作业系统，而只有少量的纸上作业。除了30名职员指导着420名装配工人外，本田摩托车厂内再也没有什么人了。不过，看起来，这些员工似乎对他们的工作都非常满意。

哈雷很快弄清了本田的取胜之道。从此以后，哈雷虚心地向本田学习。5年后，哈雷终于重振旗鼓，在美国重型摩托车的市场占有率从

23%增加到46%。这一切都是由于那次的俄亥俄州之行让哈雷公司的态度有了革命性的变化——哈雷公司采用了最好的人事管理制度与品牌策略,从好勇斗狠变为亲民和善、谦虚好学,这些举措都让哈雷摩托的形象有了脱胎换骨一般的改变。

学习是出人头地的必要步骤。假若你想在某一行业做出一番成绩,成就一番事业,就应该谦逊地向你的同行、前辈、成功人士等虚心学习。实际上,这并不是一件多么丢脸的事情。

你应该公正、无私地评估自己的目标与能力,然后虚心向赢家学习,调整自己的心态,假若肯努力的话,有时还可能超越你原来的学习对象;相反,假若你好面子又爱逞能,那么,十有八九会输得很惨。

你应该铭记中国古代的智者孔夫子的教诲:"三人行必有我师"。不管你干哪一行,如果不懂得向他人学习,那么,早晚会吃大亏。

向赢家学习、请教的效果非常明显。就拿眼镜制造商"西柏视力"前董事长托尼做个例子吧。托尼倒没有落到像哈雷那样一度面临破产的窘境,但是,他同样因为善于向赢家学习,而在激烈的市场竞争中取得胜利。

托尼发现,耐心和以顾客为导向的管理思维,才是经营企业的不二法门,这也让他的经营理念发生了彻底的改观。

放下面子,虚心向他人请教,你就不难从他人身上学到很多有益的东西。

那么,是不是一朝成名之后就可以妄自尊大,对他人的优点与长处置之不理了呢？美国康涅狄格州诺瓦克的斯多李奥纳，是全球管理最好的超级市场之一。斯多李奥纳有一辆大巴车，通常，公司会用这辆车定期载着员工去参观其他兄弟公司，有时，还到161千米远的超级市场去参观——他们将这种实地参观叫作"一个点子俱乐部"。

公司要求每个员工，至少要找到一个其他兄弟公司比自己强的地方，而且，还要提出怎么能迎头赶上甚至超过对方的点子。

任何行业中，都有你得学习的赢家。对于企业来说，还需要懂得向自己的顾客与供应商学习。

美国第一芝加哥公司曾发起过一项"品质管理运动"，他们明白，这和许多著名的大公司如IBM、雨屋、福特都有关系，于是，就主动去向这些公司求教。有些公司甚至向他们的国外合作伙伴以及供应商学习。

其实，大部分杰出的公司都很乐于助人，不过，假若你的对手不肯帮忙，那也没有关系。整理出公司内需要协助的内容，然后，找一家非公司竞争对手的企业去学习、借鉴。这样的企业同样能够给你带来不一样的启发与指导，关键就看你是否懂得虚怀若谷，并能够放下所谓的自尊或面子。

善于变通

一般来说，坚持是好事，不过也不可太过。过于坚持，就会变成拘泥。如果他人给的意见正确，也的确对自己有利时，就一定要学会接受和采纳。

产生拘泥的原因主要有两个：第一，对安全与持久的考虑，或许会让你顽固地坚持自己的看法。一旦你觉得某一行为不稳当，并且心理上也缺乏安全感，你就会刻意寻找一成不变的感觉，使自己觉得心里踏实些。第二，你需要找到自己可以认同的东西。一般而言，只有这种认同才会让你感觉到自我的存在。

而寻求认同的结果，往往会导致你固守自己的决定，不愿意再做改变。因为在你看来，改变自己的决定，只能对自我构成威胁。实际上，对你的想法的质疑，一定程度上就是对你自己的质疑。通常，没有人希望看到自己的想法遭受质疑。

那么，如何才能改掉太过拘泥、僵化的问题呢？下面的三个步骤，可能会对你有所帮助。

第一步，确定你是谁。

我们每个人都有自己的特性，而你也不例外，你只需要在内心确认这一点就可以了。这里有一个有趣的练习，它可以让你准确地锁定目标。

如果一个外星人走近你，问道："你是谁？"我们再假定这个外星人生性好斗，而且命令你必须至少一刻不停地讲一个小时，否则这个外星人就会认为人类太愚蠢，实在没有存在的必要。这时，你会如何回答上面的问题呢？

你可以在纸上写出你的答案，或者对着录音机讲，说得越多越好。尽可能深入地回答这个问题——除了你的姓名、年龄、出生日期外，还有什么让你成为一个活着的、会呼吸的人呢？

你还记得小时候听过的那些故事吗？你每天都会想些什么？你最喜欢的英雄或者神话人物是谁，原因是什么？你想要为还没有出生的未来的地球人做些什么吗？你能做到让那个外星人为自己没有出生在地球上而懊悔不已吗？

假如你不知道该说什么，那么，不妨谈谈你想成为什么样的人之类的话题。总之，你得应付那个外星人。

第二步，进入一个对你来说完全陌生的领域。

太拘泥的人往往排斥任何事情，不过这些人却极其渴望吐露心声，发表自己的意见。而善于变通的人，则充满自信，有安全感，通常乐于听取新的意见，接受新的信息，并且会将它们恰如其分地运用在自己的工作、生活之中。获得大量的信息和观点并不会破坏你的特性，相反会充实你的特性。

现在，找出一个你不了解的领域，然后进行深入了解。譬如，假定你是个律师，而你对海洋学一窍不通。你可以去图书馆查找相关资料自学。不久之后，你将会发现，原来，你也能够为环境保护做出贡献，并且因此享有了"环保律师"的美名。

第三步，懂得换位思考。

从他人的角度来看问题，这也许是改掉太过拘泥的毛病的绝佳办法。比如，读一本内容与你的观念相左的书，或者找一个愿意在一天之内被你"影响"的人。这个人或许是你的配偶、同事、老板、亲友，或一个无恶意的陌生人。

当你经历了这个过程后，你对生活会产生不同的看法。你不仅会更加欣赏他人、更加尊重他人，而且，你也会更加强烈地意识到自己的特性，而你也不会再将拘泥与力量混为一谈。相反，你将乐于成为一个心胸开阔的人，懂得从生活中学习，并且受益无穷。

改变拘泥僵化的坏毛病，是我们一定要修炼的一门功课。假若不改，我们将一直会生活在束缚之中，别说成功，可能就连正常人的豁达心态都无法拥有。

要有远大的志向

一个人具有远大的志向,就会自我激励,奋发图强,才能克服眼前的困难、改掉自身的缺点,进而实现宏伟的志愿!然而,你同时也需要认真地审视自我,认清理想实现之路的艰辛——要志存高远,但绝不能好高骛远。

成功人士都是靠领先一步才取得成功的。奥运会金牌得主不仅要靠技术,而且还要靠远见的巨大推动力。商界领袖也一样。远见,就是推动前进的梦想。

就像道格拉斯·勒顿说的那样:"你在决定了人生追求什么之后,就已经做出了人生最重大的选择。想要如愿以偿,首先你就得搞清楚你的愿望到底是什么。"

一旦设定了目标、志向,你才能看清自己的方向,才会激发一种"不管是顺境还是逆境,自己都会一往无前"的巨大推动力。

维斯卡亚公司,是美国最著名的机械制造公司。它的产品行销全世界,并且代表着当时重型机械制造业的最高水平。美国许多知名学府里的机械制造专业的毕业生都渴望去这家公司工作。在这种情况下,这家公司不得不经常婉言谢绝许多求职者。

他们给的理由很简单:"我们公司的高级技术人员已经爆满了,实在无法再容纳各位了。"

不过,这家公司令人垂涎的待遇与足够让人自豪、炫耀的社会地位,仍旧对求职者充满吸引力。

史蒂芬是哈佛大学机械制造专业的一名毕业生。和许多人的遭遇一样,在这家公司每年一次的用人测试会上,史蒂芬也遭到了这家公司的拒绝。不过,史蒂芬并没有灰心,他决意要进入维斯卡亚重型机械制造公司。于是,他经过周密的思考后,做出了一项出人意料的决定。

史蒂芬找到这家公司的人事部门,主动提出为这家公司无偿工作,只要公司分派给他工作就行,他绝对不要任何报酬。这家公司起初认为这太荒唐,不过考虑到他们不用花一分钱,也用不着操心,于是,就答应了史蒂芬的请求。随即,维斯卡亚公司让史蒂芬去扫公司车间里的废铁屑。

一年时间里,史蒂芬任劳任怨地在这家公司里干了各种简单而累人的工作。在此期间,为了养家糊口,他常常下班后还不得不去酒吧里打零工。时间一长,史蒂芬逐渐博得了公司领导与工人们的好感。不过,并没有一个人说起什么时候正式录用他的事情。

后来,公司的许多订单纷纷被退回,理由都是产品存在质量问题,这使公司蒙受了巨大的损失。公司董事会为了挽救颓势,紧急召开会议商议对策。当会议进行很长时间却没有眉目时,史蒂芬进入会议室,表示他有话要说。

在会上，史蒂芬对这一问题出现的原因进行了令人信服的解释，并且就工程技术上的问题提出了自己的看法，随后拿出了自己对产品的改造设计图。这个设计很先进，恰到好处地保留了原来机械的优点，同时解决了已出现的问题。

总经理和董事会的董事看到这个编外清洁工这么精明强干，就问了他的背景和现状。不久以后，史蒂芬终于被公司正式聘用，并委任他为公司负责生产技术问题的副总经理。

原来，史蒂芬在做清洁工时，利用清扫工可以四处走动的优点，细心观察了公司各个部门的生产情况，并且逐一进行详细记录，然后分析存在的问题，进而想出了解决的办法。就这样，他在一年内获取了公司大量的统计数据，并且对公司运营有了一个总体的了解和准确的把握。

自古以来，凡是成就伟大事业的人，没有一个缺少远大的志向。这些成功人士都是依靠勤奋和刻苦逐渐实现自己的梦想、抱负的。

年轻人做事时应当有远大的志向，这样才能够获得最大的成功。不过，光有理想还不够，还必须脚踏实地。

冷静让你稳步前行。

冷静，是一种心态，也是一种素质，是智慧的修养，更是理性、豁达的深刻感悟。一个人平时处事冷静，才能遇事不乱。

做任何事情之前，都应该"先了解你要做什么，然后再去做"。也就是说，万事应该三思而后行。对于容易草率行事的人来说，这是非常必要的忠告。如此，我们才能提升办事效率，才能更容易成功。

下面的这个真实的故事,就是一个极好的案例。

一位美国空军飞行员说:"第二次世界大战期间,我单独担任F6战斗机的驾驶员。我的头一次任务是轰炸、扫射东京湾。从航空母舰起飞后,我一直保持高空飞行,然后,再以俯冲的方式降到距地面91.44米的低空执行任务。但是,正当我以雷霆万钧之势俯冲时,飞机左翼被敌机击中,顿时翻转过来,并且急速下落。等我明白过来时,我惊讶地发现,我的头顶上方不是天空,而是海洋!

"知道是什么救我一命的吗?在接受训练时,教官会一再叮咛说,一旦遭遇紧急状况,要沉着冷静,不要手忙脚乱。所以,当飞机下坠时,我没有乱动机器,而是冷静地思索,静静地等候将飞机拉起来的最佳时机。最终,我幸运脱险了。如果那时我没有等到最佳时机就胡乱操作,肯定就会连人带机葬身大海。"

最后,这位飞行员再次强调说:"直到现在,我仍旧记得教官那句话,不要慌,不要自乱阵脚;要冷静地思考,抓住最佳时机。"

实际上,一个人只要充分地相信自己,审慎地、冷静地分析问题,就很可能会化腐朽为神奇,将不可能变成可能。

保持头脑冷静不仅有助于我们扭转不利的局面,并且,还有助于把急躁的情绪"冷却"下来,让原本焦躁的思维变得更加冷静、缜密。一个人头脑一旦恢复了冷静,做事就不会慌乱,就能轻松地解决很多难题。

丹尼斯·威特利的书中讲过这么一件事情:

住在新墨西哥州阿布奎克市的泰德·考丝太太,几年前曾经为财务问题而十分苦恼。考丝太太的母亲住在纽约的布鲁克林，一直体弱多病。而为了照顾母亲，她背上了沉重的经济负担。

考丝太太急切地想要扭转这一不利局面，起初，她一筹莫展。后来，她取来一些纸张，尽力让自己冷静下来，然后将母亲的收入——如有价证券、叔父给她的补助等一项项列出来，然后，再列出所有的支出项目。没过多久，她就发现，她母亲在衣、食方面的花费非常少，不过，那栋拥有十一间房间的住所，却得花费一大笔钱来维持——光是每月的电费就需要二三十美元。再加上各种杂项开支与税金，以及保险费等，数量十分可观。当她看到这些信息之后，就知道该怎么办了——那栋花费不菲的大房子必须处理掉。

考丝太太说道："另一方面，母亲的身体每况愈下，我担心这时移动她会不妥当。母亲一直希望在那栋住所里安度晚年，我也想要尽量满足她的愿望。于是，我去拜访了一位医生朋友，让他给我一些建议。这位医生认识一名经营私人疗养院的女士，而这家疗养院距离我们家仅有三分钟的路程。"

如此一来，问题轻松地被解决了。考丝太太的母亲得到了良好的照顾，考丝太太也松了一口气。

没错，在很多情况下，果断行动是必要的。但是，有时候，却需要像考丝太太一样处变不惊，沉着应对。

实验证明，冷静可以让那些由于过度紧张、兴奋引起的脑细胞机能紊乱得以恢复正常，如果你惊慌失措，就不要指望能理性地思考问题，因为所有惊慌都会让歪曲的事实与虚构的想象乘虚而入，让你难以按照实际情形进行正确的判断。当你平静下来，再审视烦恼与不幸时，或许你会觉得，它们实际上并没有什么大不了的。这时，你不难发现，所有的惊慌与烦恼都不过是你的想象与一时的感觉，并不一定是事实，实情常常比你想象的要好得多。

很多时候，人们所深陷的困境常常源于自己。想要摆脱困境，就必须对自己与现实有一个正确而全面的认识。只有这样，你才能在突变面前保持情绪稳定。当你被暴怒、惊恐、忌妒、怨恨等不快的情绪包围时，应该尽力压制这些负面情绪，更重要的是千万不能感情用事，随随便便地做决定。你应该多想想，他人可以安然渡过难关，自己为什么不可以？然后，调整好心态，理智地应付局面，你很快就能走出困境。

冷静应对周遭问题的前提是保持心情舒畅。不过，在苦恼与不幸面前，如何才能让身心舒畅呢？一个行之有效的方法是投入地从事自己的工作，培养广泛的业余爱好，暂时忘却一切，尽情享受创造或娱乐的快感。

只要你能多给周围的人以真诚的爱与关心，用善意的言行与愉悦的心情对待身边的人和事，你就能得到同样的回报。要学会宽恕那些曾经伤害过你的人，不要对过去的事情耿耿于怀。宽恕，可以帮助我们弥合心灵的创伤，重塑信心与希望。

千万不要言不由衷，以假面示人——任何勉强、压抑与扭曲自己情感的做法，都只会加剧自己的烦恼。

认清自己的能力所在

几乎每个人都有一定的上进心,也都有改善自己现状的欲望,比如,"我想成为更有钱的人""我想得到更高的职位""我想要成名"……不过,在生活中,真正的赢家是会正确评估自己的人,他们完全有能力接受自己目前所处的状况与环境。

是的,在现实生活中,我们难以找到一个十全十美的人。成功人士也都有这样、那样的缺点与不足,不过,通常,他们会善待自我,接受并努力改变自己的缺点与不足。

只有接受自己,才有可能对自我进行正确的评价。在莎士比亚的名剧《哈姆雷特》里,宰相波洛涅斯如此说:"最重要的是忠于你自己。你只要遵守这一条,剩下的就是等待黑夜与白昼的交替,万物自然地流逝。"

提高自我评价能力的一个有效方法,是将自己平时的优点大声地复述给自己听。对自己的长处、取得的业绩,都应该予以充分肯定,并将这些评价印入脑海里。这些评价带给你的印象越强烈,你那潜在的自我就越能够被充分地发掘出来。此外,这些评价中的自我形象还应该随着时代的推移不断更新,让它总能够与你的标准相契合。

现在，有许多研究人员正在进行语言与形象对身体机能影响的研究。某些研究成果表明，即便胡乱说出的话，也可能对身体机能与自我意识产生巨大的影响——这是通过生物反馈装置得到的结果。

人的思考会影响其体温，刺激激素分泌，使动脉收缩，甚至影响脉搏跳动。所以，我们非常有必要控制自己的语言。在强者的语言里，是不可能出现轻易贬低自己的话语的，甚至在自言自语时也一样。成功人士通常每天早晨起来都会对自己说："我可以""我正期待着""我是最棒的""这次一定要干得漂亮""今天比昨天的精神状况好多了"……

成功人士的自言自语是为了鼓励与激发自己。而失败的人则不是这样。他们的情绪一旦低落，思想就会变得消极，语言也会马上变得消极、无力。他们会说："我本来就不行""我根本不是这块料""我不可能有出息"，等等。

一个人一旦清楚应该怎样认识自我，那么，这个人就会在别人阿谀奉承时保持清醒的头脑。这个人一面会思索阻止其他人说下去的有效方法，一面会寻找新的目标。

为人谦逊有礼，这是成功人士的一大美德，而失败者则往往会有意无意地曲解"谦逊"一词的原意。他们以为，将自己的心态放低，甚至表现得奴颜婢膝，就是"谦逊"。但糟糕的是，他们的耳朵一字不落地记录下了这些充满负能量的语言。而机械运动着的大脑，接着又会将这些丧气话铭记于心。

率直地接受他人对自己的尊敬，也能够提高自我评价能力。科学家对那些曾经到达人生巅峰的成功人士做过大量的研究，得出的结论是，这些人都有一个共同特点，即他们的自我评价都很高。本杰明·富兰克林、爱迪生等，莫不如此。假若你读读他们年轻时所写的东西，就不难发现，他们都对自己有着很高的评价和期望。

著名作家海伦·凯勒虽然因为残疾丧失了视、听、说的能力，却在一生中为比自己更不幸的人们做出了卓越的贡献。爱因斯坦没有考上大学，伽利略在西服店里做过小工，但是，这并不妨碍他们在人类历史上留下了光辉的印记。

不管是在运动场，还是在商场，或是在科学技术领域，几乎每一位成功者都表现出一个明显的特征：他们都承认自己，对自我形象感到满意，对他人可以客观地评价自己感到高兴。他们都具有很强的人格魅力，可以将亲友与支持者吸引到自己身边，从来不让自己陷于孤立的境地。

诺贝尔和平奖获得者鲍尔奇曾经受人之托为一个晚宴安排宾客座次，以使每一个有身份、有地位的人都能感到满意。说实话，这件事的确不大好办。即便对一个专业的礼仪公司来说，也不见得一定能够办好。而鲍尔奇运用自己独特的办法将这件事做得很漂亮。

在宴会开始前，他告诉大家"请诸位自便"——他只是让宾客喜欢坐哪儿就坐哪儿，因为在他看来，真正重要的人都是不在乎他人怎么看待自己，而在乎这些的人都是不重要的。

事实证明，鲍尔奇的这个法则十分有效——清醒地认识自己"位置"的成功人士，都不会为争座位而闹得不可开交。

正确的自我评价可以为自己指明前进的方向。所以，成功人士都很清楚自己的能力，他们为自己而感到自豪，对自己的才华、能力自信满满。

认清自己的能力所在，不要妄自菲薄也别妄自尊大，这是成功人士必不可少的心理优势。

卷十一

绝不拖延

原著[美]戴尔·韦恩

当机立断

在生活里，有许多这样的人：他们遇事瞻前顾后，举棋不定。如此一来，很可能会白白失去本来可以轻易得到的东西，徒然地把时间花费在许多原本早该放弃的事物上。然而，机会是不等人的。在关键时刻，只有当机立断、尽力争取，才有可能取得成功。

优柔寡断的人，总觉得迟一点做决定就可以避免犯错误。这在一定程度上是对的。但是，凡事都有个度，一味举棋不定就会坐失良机。

两个猎人去打猎，在路上同时发现了一只落单的大雁，于是，两个猎人同时拉弓搭箭，准备射杀大雁。

这时猎人甲突然说："喂，我们射下来后该怎么吃？是煮了吃，还是蒸了吃？"

猎人乙说："当然是煮了吃。"

猎人甲不赞同煮，他觉得还是蒸着吃好些。

两人就这样争来吵去，闹得不可开交。这时，他们看见了一个樵夫，于是他们就问樵夫怎么看。樵夫听完他们的话后笑着说道："这太容易了，一半拿来煮，一半拿来蒸。"这两个猎人觉得樵夫的主意很好，随即决定这么办。

于是，两人再一次拉弓搭箭，可是，大雁早就飞得无影无踪了。

正如这两个可怜的猎人一样，优柔寡断的人总是因为想得太多、行动太慢，而使自己处处被动。久而久之，他们的自信心会严重受挫，决断力会降低，遇到事情无法决断，不是被动挨打，就是丧失时机。有些人品、素质与机遇都不错的人，往往因为遇事踌躇，而导致自己一生碌碌无为。

戴尔·韦恩说过："假若一个人永远徘徊在两件事之间，对自己先做哪一件迟疑不决，他就可能一件都做不成。假若一个人原本做了决定，但在听到朋友的反对意见时就迟疑、动摇，在一种意见与另一种意见、这个计划与那个计划之间跳来跳去，像墙头草一样摇摆不定，每一阵微风对他都会产生影响，那么，这样的人一定是缺乏主见的。在任何事情上，这样的人都不会取得太大的成就。这样的人在任何事情上都只会原地踏步，甚至倒退。"

只有善于把握关键时刻，当机立断做出理智的决定，才能牢牢地抓住成功的机遇。想要成功，就要敢于冒险，敢于失败。快速制订计划并且迅速行动是一种能力，别等到所有条件都具备之后再去做，因为世界上根本没有绝对的完美。假若你想等待条件都具备以后再行动，那么很可能直到死你也等不到所谓的"最佳时机"。

优柔寡断的人，正如贪得无厌且没有自知之明的人一样，显得愚蠢而可怜。要知道，在人的一生里，一切都是有得必有失。我们的精力是有限的，无法在所有方面都达到最好。显而易见，最理性的做法就是告别优柔寡断，学会当机立断，你才会收获更多。

拒绝借口，拒绝拖延

戴尔·韦恩在研究了许多成功人士的案例之后发现，具有成功素质的人不会为自己的疏漏与错误寻找任何借口。他们努力工作，从不怨天尤人，始终向着自己的目标奋力前行。

他们不会被动地等待机会来实现目标，而是非常主动地创造机会来实现夙愿。那些经常寻找各种借口的人，常常认为自己之所以难以达成目标，主要是因为缺乏条件和机会。实际上，这恰恰说明，他们具有一个极大的弱点，即缺乏自知之明。

假若你问那些失败者，他们失败的原因是什么？他们一定会说，自己没有他人那样的机会，没有人愿意提携他们、帮助他们。他们还可能会说，机会早就被他人抢走了……

戴尔·韦恩指出，总在为自己找借口的人永远没有机会，即便有也把握不住，更不用说去实现目标了。

在美国的西点军校，在训练中，当学员遇到军官问话时，只能有四种回答：

报告长官，是；

报告长官，不是；

报告长官，没有任何借口；

报告长官，我不知道。

除了这四个"标准答案"以外，假若有其他回答，长官马上就会问："你的四个回答是什么？"这时，新学员只得回答："'报告长官，是''报告长官，不是''报告长官，没有任何借口''报告长官，我不知道'。"此外，不能多说一个字。

美国西点军校这样训练学员的讲话习惯，不仅仅是为他们个人，更重要的是，学员的成功或失败与他们是否完全听懂了长官所下达的命令、要求有着莫大的关系。听完所有的简报、讲解，做过必须做的练习之后，接下来的责任，就完全落在了学员身上。长官派学员去做一件事情时，则会希望他们能够圆满完成任务——这就是这种训练方式的重点所在——表现达不到完美无缺，他们就不应有任何借口。

在规定时间里要完成自己的目标，就不能为没做好的事情找托词，更不能文过饰非，甚至是狡辩。

西点军校的严格训练使学员明白，长官只要结果，而并不关心没有完成任务的具体原因。

在拜访过许多家大企业以后，戴尔·韦恩发现，那些效率不高的员工总会有这样或那样的借口。例如，上班迟到时，会有"路上堵车""手表停了"，或者"家务事太多"等借口；销量不尽如人意，会有"产品受众面窄""质量差""宣传、营销不到位"等借口。这样的人工作没有完成会有借口，工作落后了也会有借口。

或许就是因为这样，许多员工不再想尽办法去争取成功，而是将大量精力耗费在了怎么寻找一个看起来天衣无缝的借口上。

那些喜欢抱怨、爱发牢骚的人曾经都有过美好的梦想或目标，但就因为他们将精力全花在了寻找借口上，而没有时间真正去行动。成功人士通常不善于也不屑于寻找各种借口，因为他们愿意为自己的言行负责，也能坦然地接受自己努力之后的结果。

借口一直都会在，一旦形成为自己的行为找借口的习惯，时间一长，人在潜意识里就会认为，寻找借口是理所当然的。一个人在遭遇挑战时，通常都会为自己还没有实现的目标寻找到不胜枚举的理由。这显然是非常愚蠢的。正确的做法是，像西点军校的教官训练学员那样，将所有借口抛弃掉，遇到任何挑战时，仅仅对自己说："我没有任何借口，我唯一要做的，就是找出解决问题的方法。"

美国西点军校的学员并不一定具有超凡的技能，不过，他们都有着超凡的心态。他们可以积极、主动地抓住机遇，或创造机遇，而不是一遭遇困难与挫折就畏缩、逃避，为自己寻找各种借口。假若他们这样做的话，是无法坚持到毕业的。

出身于西点军校的布莱德雷将军（美国西点军校第23届学员）曾经说过一段发人深省的话："行事拖沓的人通常是编造各种借口的专家。假若你做事拖拖拉拉，总想着逃避，那么，你就可能会为自己没有完成的事情找出数以亿计的理由来进行狡辩。"

实际上，将事情"太困难、太麻烦、太耗时费力"等种种理由合理化，的确要比相信"只要我们足够勤奋、努力，就可以完成任何事情"的信念要容易得多。但是，假若你经常为自己寻找各种借口，那么，你就不可能达成任何目标，这对于你取得成功会产生毁灭性的影响。

如果你发现，自己时常会为没做或没完成的事情而寻找各种借口，或想出无数个理由，那么，你不妨设想，自己正身处军营，面对的是无比严苛的教官。如此一来，找借口会给你带来什么样的严重后果，也就不言而喻了。

学会向他人求助

假若自己的确实力不足，或者真的没有把握达成目标，不妨借助外援，让他人来帮助你完成任务。

在戴尔·韦恩的著作里，曾经讲过这样一个案例：

杜尔奈做什么事情都有一股不服输的劲头。刚到一家电线号牌厂担任兼职推销员时，好几个月里他都没有谈成一桩生意。在经过他人指点之后，他才明白，自己业绩不佳的主要原因是——他的面部表情过于严肃，笑容很僵硬。而且，他在与人谈话时，会不由自主地流露出了一股傲气，让人无法产生亲切感。

自此，每天早晨起来，杜尔奈就对着镜子苦练表情，同时训练自己的语音、语调。当再一次出现在客户面前时，每个人都认为他是一个亲切随和、很好相处的人。从此以后，他的销售业绩好得出奇，为自己挣得了可观的收入。

这件事让杜尔奈得到一条经验：**他人可能会发现自己发现不了的问题，听一听他人的意见是非常有好处的。**

后来，杜尔奈决定自己开公司当老板。他将全部积蓄拿了出来，购买了一家小小的电线号牌厂。这家小公司仅仅有几台老式机器和几名员工，和那些现代化的大公司难以等量齐观。在杜尔奈接手时，这家小公司已经濒临破产了。为什么杜尔奈敢于接手这个烂摊子呢？他觉得，所有的事情只要付出足够的努力，就一定会有所收获。

毋庸讳言，更为重要的原因是，他当时手头没有足够多的钱，除了这种濒临破产的小厂之外，他买不起其他工厂了。

为了使他的工厂起死回生，杜尔奈每天工作达十多个小时，带领员工拼命苦干。不过，勤奋仅仅能够将一部分问题解决掉，无法解决所有的问题。因为那些流水线作业的大厂的生产成本低得多，产品质量更加优越，所以，杜尔奈的产品完全缺乏竞争力，没有一家客户愿意买他的产品，辛辛苦苦生产出来的产品只能堆在库房里占用空间。

几个月过去了，由于产品卖不出去，工资发不出来，工人的生产积极性受损，没人愿意继续工作，工厂的生产就被迫中断了。杜尔奈尽管想方设法去解决问题，但没有任何效果。他想要改进设备，可是依旧苦于没有资金。那时，他真的是一筹莫展，不知道下一步该如何是好。

这时，杜尔奈十分懊悔，他觉得，当初不应该如此草率地就决定买下这个破烂厂子。不过，后悔也无济于事。在情绪跌到最低谷时，杜尔奈突然有了主意。于是，他为自己的问题咨询了几位业内资深专家。他们异口同声地说，他做了一桩非常糟糕的买卖，想要让这家已经接近破产的小公司起死回生，无异于痴人说梦。

杜尔奈并没有被他们的话吓倒，他反而冷静了下来。他想，假若破产的命运难以改变，那也只能听之任之了。不过，或许员工当中有人会有什么好主意。于是，他把员工都召集起来，大声说道："相信大家已经看到，公司的情况特别糟糕，眼看就要维持不下去了。我已经无计可施了，今天，我只能把希望寄托在诸位身上。如果你们中有哪一位有什么好主意，就不妨说出来吧。"

等了一会儿，见没有人回应。他接着说道："如果不好意思说，那么，会后告诉我也可以。"顿了一下，他终于鼓起勇气说道："假若大家都没有什么好建议，那么，我明天只好宣布公司倒闭。"

这次会议刚一结束，杜尔奈就收到了一位员工写的信件。信上说：改进设备的想法不现实，变更生产材料没准可行……

杜尔奈眼前一亮：对啊！为什么不变更生产材料呢？这是眼下自己唯一的选择，也是最有可能成功的选择。

由于铝易成形，硬度适中，颜色也比较美观，所以，当时的电线号牌都是用铝制作的。所以，只要能找到一种可以达到相同效果且价格相对便宜的材料就行了。于是，杜尔奈绞尽脑汁地想找到替代材料，并且积极和员工们探讨，最终找到了理想的替代材料——塑封的白色硬纸板——它的品质与铝制品相差无几，成本却不到铝制品的三分之一。

这种物美价廉的新产品上市后，很快在市场上取得领先优势。对杜尔奈来说，这是一个幸运的开始。半年过后，他赚到的钱已经足够他购置一整套流水作业的新设备了。几年后，杜尔奈变成了家资巨万的大富翁。

好主意、好办法不会总是属于你的。当自己无计可施时，他人也许就有解决问题的办法。因此，在必要的时候，你应该敞开自我，掌握借力的智慧,得他人之智,用他人之力,帮助自己摆脱困境。

一个小女孩在自己的玩具沙箱里玩耍。她想在松软的沙滩上修筑公路与隧道,可是,沙箱的中部躺着一块巨大的岩石。小家伙开始挖掘岩石周围的沙子,企图把它从泥沙里弄出去。她手脚并用地将岩石弄到沙箱的边缘。但是,这时她才发现,她难以将岩石滚过沙箱。

这个小女孩咬咬牙,用手推,用肩膀挤,左右摇晃。不过,每当她刚一觉得有了一点进展的时候,岩石就滑落下来,又掉到了沙箱里。

这个小女孩特别生气,使出全力猛烈地推搡。然而,她却被再次滚落的岩石砸伤了手。

这个小女孩伤心地哭了起来。而这一切都被站在起居室窗户前注视着她的父亲看了个真真切切。当泪珠滑落这个小女孩脸庞的时候,她的父亲悄悄地走到了她的跟前。

父亲的话温和而坚定:"为什么不用上你所有的力量呢,孩子?"

小女孩垂头丧气地说道:"我已经用尽全力了,爸爸,我已经尽力了,我用尽了我所有的力量。"

"不对,孩子,"父亲亲切地纠正道,"你并没有使出你全部的力量——你还没有请求我的帮助。"在这位父亲的帮助下,小女孩终于将岩石推出了沙箱。

一个人的能力是有限的,借助外援是我们做事时不可缺乏的一种途径。可以毫不夸张地说,只有谙熟借力与合作真谛的人,才能成为成功之林中的雄伟巨木。

卷十二
获取成功的精神因素

原著[美]克莱门特·斯通

高贵的心灵

你在一个漆黑的房间里燃起一根蜡烛,那么房间里一眨眼就有了光亮。假若你点燃十根、百根、千根蜡烛,房间里就会变得越来越亮——但起关键作用的是第一根蜡烛。

这个世界上最伟大的发现,就是人们能够通过转变自己的心态,进而改变自己的人生——这也是我们这一生里最重要的工作之一。而这项巨大的工作的第一步,就是我们一定要先拥有一颗高贵的心灵。

克莱门特·斯通认为,高贵的心灵不一定是人人都拥有的,但它却是我们每个人都应该拥有的——只要我们想拥有。

高贵的心灵不但是美的,而且是创造奇迹、收获幸福的源泉。一粒小小的种子,它既然可以长成大树,其中就一定蕴含着一些无法感知的东西。如果你种下的是杂草的种子,那么,收获的就只能是杂草。同理,如果你种下的是一棵大树的种子,只要阳光、雨露、氧气充足,那么它肯定会长成参天大树。

因此,一粒种子中有着决定一切的因素。事实上,人生也是如此。你在心灵里播撒下什么样的种子,就有可能收获怎样的人生——如果你有一颗高贵的心灵,那么,就一定会收获成功。

卷十二
获取成功的精神因素

我们来看几个小故事：

故事一：戈德史密斯博士有着伟大的人格，并且对心理学有一定的研究。当一位贫困妇女了解到他的信息后，就给他写了一封信，希望他可以帮助她的丈夫。她的丈夫食欲不振有好长时间了，而且患上了严重的抑郁症。

戈德史密斯博士答应帮助她。在和她的丈夫经过一次深入的信件交流之后，他发现，这对夫妇正遭受着贫困与疾病的困扰。于是，他就对这对夫妇说，稍后他会回复他们。那时，他将把世界上最有效的药品寄给他们。

在寄出这封信后，戈德史密斯博士立刻赶回家里，把几枚金币放进了一个木盒子里，将盒子封好之后贴上标签，并在上面写道："必要时使用。记住：要有耐心，要有好心情。"然后，他把这个木盒子寄给了那对贫病交加的夫妇。

故事二：戈登将军有数不清的奖章，对这些他大都不在乎。不过，他特别喜欢其中一块金色的奖章，这是一位外国皇后送给他的，上面刻着一句具有特殊意义的题词。然而，有一天，这块奖章突然消失了，没人知道这块奖章去了哪里。

很久以后，一个偶然的机会，人们才又见到了它。原来，戈登将军让人抹去了奖章上的献词等内容，将它卖了。他把卖奖章得来的钱以匿名的方式寄给了一个难民收容所——这个难民收容所是为了专门救助在"曼彻斯特饥荒"中深陷困境的人的。

上面这些故事所讲的都是一些再平常不过的事情,但是,他们的主人公都有一个共同的地方——他们都拥有一颗高贵的心。克莱门特·斯通说道:"最仁慈的心灵是人生最好的调剂品,它对坚硬而言是柔和,对难以克制而言是容忍,对冷酷的心灵而言是温暖,对厌世者而言则是乐趣。"

正如在滚滚波涛之中破浪前行的航船难以躲避漩涡和暗流一样,我们的心灵在现实的生活里也难以躲过庸俗的缠绕。曾经有过多少燃烧着渴求卓越之火的灵魂,却在往后的岁月里被俗不可耐的浪花溅湿了理想的柴薪,窒息了进取的烈焰。但是,那些不管在什么情况下都不失去自己高贵心灵的追求者,却乘着永不沉没的生命之舟扬帆起航,不管那庸俗的浊流在船底如何起伏、翻滚。

也许,高贵的心灵不曾鄙视庸俗,正如雍容华贵的兰花不会鄙视善于献媚邀宠的月季。但是,高贵的心灵也绝不会在庸俗的泥淖里自甘沉沦。

也许,高贵的心灵会在岁月里和庸俗为伍,正如美丽的天鹅身处丑陋的野鸭群中一样。它们在迁徙的途中会在同一个湖泊里歇息,而细细地倾听着那湖面上晚风送来的阵阵夜歌声,那时,恐怕不会有人将天鹅动听的吟唱当成野鸭那难听的嘶哑鸣叫。

也许,高贵的心灵可能会被庸俗的色彩遮盖,正如在一条枯藤上盛放着争奇斗艳的花朵。然而,庸俗就像那随风飘落后陷于虚空之境的谎言,而高贵的心灵却是硕果累累。

也许,高贵的心灵会时常为庸俗所嘲笑,正如不修边幅的大学者时常会受到衣冠楚楚、穿金戴银的人的鄙视一样。不过，高贵的心灵不会去寻求廉价的赞美之词，而会在庸俗的讥嘲声中保持着自己的独立与清醒。

高贵的心灵之所以高贵，是因为它虽然受到庸俗的缠绕或包围，可是不会为其所污染。

高贵的心灵是永不沉没的"人性的方舟"，听凭庸俗的流水泛滥四溢，它永远都能保持住自己的航向。

拥有一颗高贵的心灵，是成功人士的一大共同特点；拥有一颗高贵的心灵，是渴望成功的人一定要先努力做到的。

良好的性格

良好的性格是我们与生俱来的财富，它可以使我们在纷繁复杂的人际网络中游刃有余；良好的性格是我们内在散发的魅力，它可以使我们在充满坎坷的成功之路上无往不利。

公元前5世纪初，在位于雅典西南部的洛里安姆银矿场里，开采出一条价值连城的优质银矿脉，而且，在极短的时间里，这个新矿层就产出了好几吨纯银。

正是因为有了在洛里安姆矿场意外发现的这个"金银之泉"，雅典才得以一跃而成为地中海东部的海上霸主与古希腊世界的领袖。后来，雅典还成了希腊古典时期人文荟萃、文明璀璨的中心——这个宝藏的开掘不但将雅典的地位改变了，并且铸就了西方文明的辉煌。

一个矿藏的发现，能够将一座古城的命运改变；而一种良好的性格的挖掘，则能够将一个人的命运彻底改变。自然界本身蕴藏着有待人们发掘的宝藏，而人本身也同样埋藏着内在的宝藏——良好的性格。

著名的成功学家奥里森·马登认为，通过改变自己的性格，人们可以将自己的命运彻底地改变。

这个改变关系到每个人的成长与快乐。人人都能够获得快乐与幸福，人人都能够走向成功，其途径就是改变自己的性格。我们每个人的命运不完全是上天注定的，我们每个人的性格也不完全是天生的。

良好的性格可以通过后天的锤炼、打磨而逐渐形成。自然状态下的铁矿石几乎没有什么用处，不过，要是将它放入熔炉锻造，然后再提纯，而后进行锤炼与高温冶炼，最后将它放进一个流筒模型里，一个优良的器具就这样制成了。

人的性格也是如此——只有不断地打磨，改变不良的性格，促使性格发生根本性的转变，才可以发挥它的作用，才可以帮助自己取得成功。

或许，有人会由于自己学历太低而消沉，哀叹自己生不逢时。但别忘了，我们每个人都有一个聪明的大脑，只要怀有强韧的意志，我们总有一天会取得成功。

成功意味着获得尊敬，成功意味着取得胜利，成功意味着最大限度地实现自我价值。不过成功并非某些人的专利，只要你有强烈的成功意识，只要你具有积极的态度和坚忍不拔的意志，只要你信心百倍、信念坚定，只要你能够将性格优势充分发挥出来，即便你是一个小人物，也一样可以取得成功——成功并不会偏爱某些特殊人群，成功对任何人都是平等的。

前苏联作家高尔基说，社会就是一所大学。当我们融入社会，当我们积极思考这个社会，当我们为自己在这个社会中找到坐标之后，我们就有了成功的希望。

成功的道路千条万条，就看你自己选择哪一条。实际上，我们每个人都是一座金矿，每个人都有无比巨大的潜能，而发掘这巨大潜能的最佳人选就是我们自己。人生的命运就掌握在自己手中，人生成败全在于自己。

假若你明白了这个道理，你就不会因为自己是一个穷人或是一个普通人而自怨自艾、愤愤不平，就不会自卑、沉沦，致使终生一事无成。拼搏、奋斗、勇往直前——这是每个成功者必备的要素，只要具备它们，成功就有可能属于你。

当然，我们每个人的性格里其实都既有优点又有缺点。假若你整天抓着自己的缺点不放，那么你可能就会越来越自卑。我们每个人都应该学会突出自己的优势，如此一来，你就会越来越有自信、越来越成功。

太多的人将自己的性格弱点当成自己没有成功的托词，拒绝从自己编织的"意义之网"里跳出来，也自然就难以从失败的泥淖里脱身。你要明白，我们每个人都可能会成功，都可能会更快乐，会更幸福。不过，这需要我们学会突出自己的优势，学会把普遍意义上的缺点转化成优点，凭借自己的努力与智慧，成功指日可待。

良好的性格是成功的前提，把自己的不利转化成卓越人生的宝藏，是我们每个人一定要具备的能力。

不要把自己的观点强加于人

克莱门特·斯通指出，在我们生活的时代，人们已经不再能够像作家詹姆斯·爱伦一样，悠然地移居海边，在太阳出来时在海边漫步，太阳落下时回到家中写作，如此安然地度过一生——这对现代人来说，实在没几个人能做到。

许多人整天都得在尘世里奔波，和各种各样的人打交道。而和其他人保持良好的合作关系，这是我们每个人一定要做到的事情。下面这些方法，对你做到这一点不无裨益：

想要和其他人保持良好的合作关系，就必须了解他们的想法、需要和要求。在此基础上，要充分调动其他人的积极性，让他们自愿地和你交往。

没有人喜欢被强迫或遵照命令行事。很多人为了让他人同意自己的观点，喋喋不休地说个没完，似乎只有这样做才是对的。这未免有些太心急。心急并不会将事情办好，而且往往适得其反。推销员常常犯这样的错误，他们中的很多人表现得太过心急。

要知道，每个人其实都更重视自己，喜欢谈论自己，他们可不想听一个絮絮叨叨的人自吹自擂。期待与人合作时，最好先让对方说。即便你不同意对方的意见,也不要急于打断其讲话,因为那样做非常不礼貌,而且容易诱发对方的抵触情绪。所以,你必须学会耐心地倾听,抱着一种宽容的心态,运用你掌握的一切说话技巧,让对方充分表露自己的观点。

一位法国哲学家说道:"假如你想要树立敌人,那么只需要处处打压对方就可以了。不过,假若你想要结交朋友,那么就一定要尊重对方的观点。"

我们每个人都有着相似的心理——无不希望得到他人的重视与肯定。因此,尊重对方的观点,能够使你们的合作关系更加顺畅、稳固。那么,如何才能做到"既充分尊重对方的观点,又能达到自己的目的"呢?

尊重是一味良药,它可以化解彼此的隔阂与冷漠,让彼此之间关系更加亲密。

所以,你必须尊重合作对象,让对方尽可能多说,而你只需认真倾听。引导对方毫不保留地表露自己观点。为此,你完全可以采用"投其所好"的方法。做到这一点并不困难。只要你在说话时让对方觉得是"英雄所见略同"就行了。

"投其所好"的目的就是达成共识,然后,自然而然将话题转到你们合作的事情上。为了达到这一目的,尤为重要的是,要遵循"让对方先说"的原则。

首先,不要主动引起话题。这可以避免在谈话中陷于被动,影响谈话的效果。比如,如果对方是一位诗人,而你却在其面前侃侃而谈怎样写诗，就可能会激起对方的反感，从而让自己处在被动的状态——对方才是专家，你所说的在对方看来不是班门弄斧就是狂妄自大。这显然对你是大为不利的。

所以，你一定要牢记：在谈话之中，让对方先开口。而你要侧耳倾听，迅速抓住对方的兴趣点，然后再开口。

其次，将自己与对方一致的兴趣，无意间流露出来，并且神不知鬼不觉地引导对方畅所欲言。

最后，在谈话前、谈话中要多管齐下，全面掌握对方的爱好与特点，这样才能让你在谈话时做到游刃有余。

恰到好处地换位思考

想要和对方建立良好的合作关系，你就必须学会恰到好处地换位思考。想一想，如果你是对方，你会如何说、如何做，然后才能有的放矢。

需要指出的是，这种换位思考从表面上看似乎是站在对方的立场上看问题，但这只是表象，而且是有限度的。换句话说，当你从他人的角度看问题时，时时刻刻都要记得，你的根本目的是为了最大限度地实现个人利益，最大限度地掌握谈话的主动权，最大限度地掌控谈话的进程。所以，从对方的角度看问题时，一定要恰到好处。

从对方的角度看问题，恰到好处地换位思考的最明显表现，就是你的思维与对方同步。克莱门特·斯通指出，思维同步"会创造奇迹，让你获得友谊，减少困难与摩擦"。

那么，怎样才能实现这种思维同步呢？

努力做到同步呼吸。曾经师从荣格的心理分析师皮科·嘉尔曼指出："呼吸的同步具有诱导性，它会诱导沟通者与自己的心灵产生感应，从而让双方步调一致，配合更加默契。"换句话说，同步呼吸是实现思维同步的方法之一。

那么，怎样才能做到同步呼吸呢？

一、要选择合适的位置。最好坐在和你的合作者正好形成直角的位置上。这个角度能帮助你感应到对方的呼吸,并且,可以看到对方呼吸时胸膛一起一伏的情形。相较而言,其他角度都不太合适。当然,你还应该根据不同的环境,酌情进行选择。

二、观察彼此呼吸的节奏。男人一般用腹部呼吸,女人一般用胸部呼吸。

三、保持呼吸同步。对方呼气,你也呼气;对方吸气,你也吸气,并且注意把握一呼一吸的轻重缓急。

人在说话时呼气比较多,当对方说话时,你就要跟上对方的节奏不住地呼气。而对方保持沉默时,你也要保持沉默,并且呼吸节奏要和对方保持一致。

自己开口说话时,尽可能要与对方的呼气节奏保持一致。而吸气节奏则可以灵活处理。

研究表明,这种同步呼吸法最适用于合作的双方感情与情绪出现剧烈变化时。此外,在会议等重要场合,运用同步呼吸法一定要拿捏恰当,要不然会闹笑话。

四、努力做到视觉同步。"说话时一定要看着对方的眼睛。"这已经成了现代交际学的一句至理名言。实际情况也是这样——看着对方的眼睛,最起码会让对方觉得你在听讲,你很真诚,而且是"知无不言,言无不尽"。

当对方转移视线时,你也转移视线;当对方眨眼睛时,你也眨眼睛。当然，做这些动作时，不要过分专注，要自然，你只是说话时一直看着其眼睛罢了。

随着对方视线的调整而调整自己视线的方向。

初次相见时，别盯着对方看，那会让对方尴尬、不自在，结果可想而知。

五、做到身体语言的同步。身体语言是一个人性格的外部表现。你只要注意到对方的身体语言，并与其配合，就可以收到非常良好的沟通效果。

实际上，身体语言的同步是互相影响的。比如，你与一个跷起二郎腿的朋友谈得非常投机，过了一会儿，也许你会同样地跷起二郎腿。假若这个朋友将腿放下，将身体向前倾，要不了多长时间，你可能也会出现相同的动作。在路上遇见一个朋友，对方向你挥手示意，你通常也会挥手示意。

所以，通过你的肢体语言去和对方的肢体语言相呼应，你将不难发现，不知不觉中，你们就已经建立起了良好的合作关系。

六、做到语速和音量的同步。别有语速和音量的优越感。你应该使自己的语速和音量与别人同步，因为在合作里的沟通，并不像辩论赛那样是为了争夺冠军，所以，不一定非得运用唇枪舌剑做一番言语交锋。

心理学研究表明：同样的语速和音量能够减轻沟通中的紧张感。对一个轻声细语的人，就不应该采用大喊大叫的交谈方式。同样，对一个快人快语的人，也不能采用慢条斯理的谈话方式。

正确的做法是，对方大声说话时，你也大声说话；对方快人快语时，你也要干脆利落。对方讲话时，你并不一定要回答，许多时候，细心地倾听则更好些。这就要求你配合对方的说话速度。当对方说话缓慢时，你要缓慢地回应；当对方说话很快时，你也要快速地回应。

想要做到这一点，你就必须平时对自己的观察力多加训练，只有这样，才能提高你察言观色的能力。而只有具备了敏锐的观察力，才可能与对方的语速达到同步。

七、做到心理活动的同步。让自己的心理活动与对方同步，这是与对方保持良好的合作关系的关键。

心理活动通常是以呼吸的急促、语气、眼睛、肢体语言等外在特征表现出来的。当你掌握了对方的心理活动，实现心理活动的同步后，再适度地投其所好，让对方获得必要的满足感（包括被赞扬、被尊重、满足虚荣心等），就可以与对方建立良好的合作关系。

关于这一点，你最好牢记哈佛商学院的唐哈姆院长所说一段话："去某人办公室之前，我更喜欢先在对方办公室前面的人行道上多走一会儿，而不是火急火燎地闯进他的办公室。如果是那样的话，那么，我很可能脑海里没有什么清晰的概念，不知道应该说些什么，也不知道对方——按照我对其兴趣和动机的认知判断——可能会怎么回答。"

保持专注之心

打开成功之门的一把神奇的钥匙,就是专注。在你拿到这把钥匙之前,不妨先来看看它有些什么好处:

它会帮助你将财富之门打开;

它会帮助你将荣誉之门打开;

它会帮助你将健康之门打开。

在许多情况下,它还可能会帮助你将心理之门打开,使你能够进入一切潜能之源。

因此,在这把神奇的钥匙的帮助下,我们就可以将通往世界上种种伟大发明的秘密宝库之门一一打开。

戴尔·卡耐基、洛克菲勒、哈里曼、摩根等人,都是通过这把钥匙和由此而获得的一种神奇的力量,而最终成为人生赢家的。

是的,专注或专心这把钥匙就是如此神奇,就是如此有效。只要你有了这把神奇的钥匙,你就向成功迈进了一大步。

一、切勿将力量分散

当《成功》杂志庆祝创刊一百周年时,编辑们出了一期专号。

这期杂志的内容非常特殊,它是从《成功》杂志创刊以来所出版的所有期刊文章中精挑细选，而后汇编而成的。在这些优秀文章里，最吸引人的是西奥多·瑞瑟的文章。

这是一篇人物访谈文摘，主要内容是，瑞瑟问爱迪生，成功的第一要素是什么。

爱迪生回答说，"我们每个人从早到晚都需要做事。如果你早上7点起床，晚上11点睡觉，那么，你用于做事的时间就长达16小时！在这么长的时间里，许多人肯定会做很多很多的事情。而我通常只做一件事情——如果你们能够把这些时间运用在一件事情、一个方向上，那么，你们就可能取得更大的成功。"

二、把握当下

包括我们自己在内的大多数人，不是略微超前，就是略微落后，可又有谁可以准确无误地把握当下呢？如果正在和他人交谈，那么，我们可能会同时回想自己刚才说的话、他人说过的话，甚至是一些无关的事情。

我们应该可以从表演艺术里学习宝贵的经验。在表演艺术里，最好的演员最能融入现在。即便他们已经将全部台词背得滚瓜烂熟，也仍然会对自己正在讲的台词产生全新的感觉——我们所缺乏的正是这点。

我们一定要把握当下。把握当下需要集中注意力，一定要做到以下两个方面：一是目标，要密切关注正在发生的事情；二是密集度，因为集中一切力量在一件事情上，很容易会产生密集度。

克莱门特·斯通曾经问过有名的马戏演员冈瑟·格贝尔·威廉斯，对继承了其事业并且很快就要成为驯兽师的儿子有什么建议？威廉斯回答道："我对他说，要在场。"

他进一步解释道："当他在马戏场里和狮子、老虎、豹子在一起时，他千万不能心不在焉，他的心必须时刻系在马戏场上，要不然，就有性命之虞。"当然，不仅在马戏场上，心不在焉、敷衍潦草的态度在任何时候都可能会带来灾难。

现在，租车专家迪克·比格斯可能会对那次丢脸的分心经验付之一笑，不过，在当时这件事可一点也不好笑。

当年，可口可乐公司为亚特兰大第二届10千米长跑赛提供了巨额奖金。面对着申请表格、各种媒介和赛场上处处可见的可口可乐商标，担任大会名誉总裁的迪克·比格斯却一开口就闹了个大笑话。他竟然在台上说："我们要感谢赞助商百事可乐。"这一下子就激怒了站在他身旁的可口可乐公司的代表。

那位代表怒不可遏地喊道："是可口可乐！"紧接着，数千名参赛者哄堂大笑。这一切使得迪克·比格斯骑虎难下，窘迫万分……

后来，他追忆这件事时说道："我当然知道那是可口可乐，但是，我当时一时走神，顺嘴就说错了，犯了那个严重的错误。从那天开始，我时时告诫自己，无论做什么事情，都要保持专注。"

三、激发满溢状态的潜能

米哈利是专门研究满溢状态行为的专家。他曾经利用与竞赛相类似的挑战方式，将满溢状态行为成功地激发出来。实验证明，满溢状态最有可能发生在个人处于和任务的难度大致相当的情况下——通常，人的心理有两种情况：假若任务很难，人会感觉躁动不安；假若任务太简单，人反而觉得更无聊。

处在满溢状态下的人，会失去对时间的感觉，而且，在满溢状态下，人能够将通常无法完成的高难度工作完成。

在《利用右脑》一书里，贝蒂·爱德华描述了形成满溢状态或类似状态的经验技巧，她提供的方法是，遵照左脑的机制，即语言、符号、分析、理智、数字、逻辑、线型；而右脑的机制则由非语言、组合、非理智、直觉与道德的观念而来。

贝蒂·爱德华对这种经验有着精妙的描述："那是一种从来没有过的经验。当工作非常顺利时，我感到，自己的工作就好像画家和其笔下的作品融为一体了一般，我高兴极了，但却极力克制着。那种感觉并非全是快乐，倒更像是幸福。"

四、狂热和沉迷

这种技巧可能不一定适合所有人，有的人非常有成就，但对沉迷于某件事并不感兴趣。不管怎么说，沉迷于事业、工作之中的人，能够比一般人做更多的事情。而且，通常会做得更好，效率更高。

厄斯金·卡德韦尔，是小说《烟草路》和《上帝的小乐园》的作者。因为他一直以事业为重，认为工作至上，所以接连三次婚姻破裂，并且，连一个知心朋友都没有。他不无感慨地说，在过去的日子里，除了事业与工作，他没有获得过别的乐趣。

艾萨克·爱斯莫夫是一位作家。为了不影响自己的写作，他竟然连度假都放弃了。他认为,最难以做到的事情就是——有个人已经将他的写作思路打乱了,可他却不得不笑脸相迎。亨利·福特对此感同身受。他说道:"我的时间多得是,这是由于我从来没有离开工作岗位;我认为人无法离开工作。一旦离开工作,我就坐立难安,连做梦梦到的都是工作。"这些话让我们听来简直有些难以想象。

或许有人会说,他们本不该将时间和精力耗费在这些事物上,不过,他们自己并不这么认为。在他们眼里,工作是乐趣,而不是其他。就像是李·特里维特说的:"我就是喜欢这种与自己的竞赛。"

我们不必为这些沉迷于工作之中的人感到悲伤,虽然沉迷于工作之中的人并不一定真的都那么喜欢工作,有些人不过是比较天真幼稚,或者一不工作他们就充满罪恶感。不管怎么说,我们都应该由衷地佩服他们对工作的投入和一丝不苟的态度。

不仅如此,我们更应该以他们为榜样,致力于自己所做的事,切实、高效地完成自己的目标和任务——成功之门,终会为这样的人而打开。

卷十三

通往成功之路

原著 [英] 詹姆斯·艾伦

从失败的经历中汲取教训

生活就像爬山。若你想要从山脚下找到通往山顶的终南捷径，那么，你可能很快就会泄气，并且停止攀登。不过，要是你在身体上、心理上都做好了准备，那么，你就一定可以登上山顶。若你不慎跌倒，你会爬起来，拍拍身上的尘土继续攀登。当你登上顶峰之后，你可能会选择继续攀登更高的山峰。

肯尼思·麦克法兰德博士是世界上最伟大的演讲家之一，他曾经将生活比作是一段长途旅程。

他说："如果你一直想着在长途旅行中会遇到各种意想不到的困难与挫折，如果你总是想着马路上那些急速行驶的汽车——它们紧紧跟在你汽车后面，那么，你就永远不可能鼓起勇气走出家门。是的，你的生活不应该这样过。你应该每次只行驶一千米，每次行驶一小时，或者一天。你也应该用同样的办法去应对你遇到的各种失败。你只需要每次克服一个困难，然后从中吸取教训，以后就不会再犯相同的错误了。"

假若你一时间找不出失败的原因，总是在同一个地方跌倒，那么，产生这些失败的原因可能有三个：

1.物质损失，比如，财产、地位、固定资产。

2.个人损失，比如，好友或家庭成员去世，某种关系的终结。

3.精神损失，这时的失败是源于自身的，你很快就能发现，其实你原本能够避免出现这些情况，或者能够从中吸取教训。

物质上的失败可能让我们对自己的财产重新评估，以确认究竟什么对自己才更为重要，为自己设定新的目标，并且让自己不再会为导致失败的因素所左右。

不管对方是生意伙伴还是配偶，都可能会让我们重新审视自己的行为，进而改变与他人相处的惯用方式。即使是深爱的人去世了，我们也能够通过帮助别人的方式来缅怀他们。通过这些方式，我们可以使自己得到不断完善。

精神上的损失，比如沮丧、缺乏寄托，这会促使我们自我反省，并去寻找新的安慰。在你寻找安慰时，你可能会发现一种内在的力量，以及心灵上的平静。而若你不曾经历过失败，那么，你就永远不可能体会到这种心灵的平静，也感受不到内在的这股巨大的力量。

成功与失败之间的界限非常清晰，因此我们经常忽略了这些引起失败的原因。事实上，这些原因非常简单，关键在于态度——你怎样面对出乎意料的困难与挫折，或者由你自己引起的其他问题。

默尔·哈格德是美国乡村音乐界的传奇人物，他对自己生命中的转折点仍然记得非常清楚。年轻时，他总是遇到各种麻烦，直到他进了圣·昆廷监狱。

"我一定要说明，昆廷监狱和我以前听说过的监狱很不一样，"在自传中，他这样写道，"昆廷给了我选择的机会。在这里，你可以找到一份工作，然后努力工作，达到一个良好的记录。你也能够整天在监狱里的院子里躺着。起初，我选择了在院子里躺着。我们简直就是数着日子生活。"

一年半以后，监狱提供了一次假释的机会，不过，由于他进取心不足，因此，假释陪审团并未给他机会。他第一次申请假释就遭到了失败，这让所有人都大吃一惊。

然而，默尔·哈格德在狱中的表现一如既往，他并没有做任何改变现状的事情。他和一个狱友在监狱里开了一家以啤酒为赌注的赌博公司——结果这种越轨的行为，导致他进了禁闭室。

"有时，我们仅仅是差一样东西来改变整个局面。我不明白是不是因为一个狱友被处以极刑，还是因为我被关的那七天的禁闭，还是因为一个越狱者的死亡，还是因为这些东西都加在一起，促使奇迹出现了。

"不管是什么原因，反正我从禁闭室出来时，我决定，要为自己做一些积极的事情。"

默尔·哈格德再一次提出了假释的申请。尽管他刚从禁闭室里刚刚被放出来，但是他坚持向陪审团阐述了他的目标——他想要成为一名乡村音乐歌手……迄今为止，在美国乡村音乐领域，还没有哪个歌手的知名度比默尔·哈格德更高。

成功就是一连串的奋斗与冲刺

成功就是一连串的奋斗与冲刺，詹姆斯·艾伦对这一点深有体会，他还特意在他的作品里讲了一个自己朋友成功的故事。

他写道："我有一个好朋友，他现在是个非常有名的管理顾问。当你走进他的办公室时，你立刻就会产生一种高不可攀的感觉。

"他的办公室内装饰豪华，那些忙忙碌碌的工作人员和常来光顾的消费者会告诉你，他的公司十分成功。不过，他却有着一部充满血泪的创业史。

"我的朋友经历了7年的艰苦挣扎，在这段时间里，他遭受了无数次的困难与挫折，不过，他从来没有说过一句丧气话，他从不怨天尤人。他一直都说：'这是一项无形的、难以捉摸的生意，竞争非常残酷，而且我还在学习，不过，不管怎样，我都要继续坚持下去。'

"最后，他成功了，而且事业蒸蒸日上。

"我曾经问他：'遭受那么多的困难与挫折，遇到那么多的失败与冷遇，难道你从来没有感到疲惫吗？'他满脸笑容地回答：'没有啊！我把它们都当成了受益无穷的经验。'"

此外，假如你看看世界名人的生平经历，那么同样会发现，那些名垂千古的伟人们，都曾经经历过这样、那样的打击，而正是因为他们能够坚持到底，才最终赢得了成功。

老师们有这样的经验——从一个学生对待不及格成绩的态度，可以推测出他将来的成就。艾伦在大学授课期间，曾经给一个毕业班学生的成绩打了不及格。

这意味着，这个学生当年无法拿到学位，摆在他面前只有两条路：第一，重修；第二，不要学位，一走了之。

可以预见，一个毕业生可能会因一门课不及格而不能按期毕业，这无疑是一件让人难受的事情。后来，那个学生来找詹姆斯·艾伦。他恳求道："教授，您看可否酌情考虑下，我一向表现都不错的。"

詹姆斯·艾伦说道："这个成绩是多次评估的结果，并且，学校学籍管理规定，教授不得以任何理由来更改已经提交给教务处的成绩单。"

当知道改成绩无望后，他非常生气。"教授！"他的语气突然变得强硬起来，"我能够随便举出50个没有修过这门课，但取得了辉煌成就的成功人士的名字，这门课有什么了不起？为什么我要因为这门课不合格而连学位都拿不到？"

詹姆斯·艾伦语气平和地说："你说得非常对，的确有不少成功人士并不曾修过这门课，甚至对这门课一点都不知道，而你也许真的不用这门课的知识就会成功。但是，你对这门课的态度却对你有很大的负面影响。"

"为什么？"

"我想给你提个建议,我也理解你现在的心情。但是,请你用积极的心态来面对这件事情吧!假若你没有积极的心态,那么,你肯定一事无成,一定要记住这一点。未来的某一天,等到你功成名就了,你就会明白,积极的心态对你有多么大的好处。"

听了詹姆斯·艾伦的话,那个学生最终选择了重修。不久以后,他顺利通过了这门课的考试,拿到了学分,也顺利毕业了。

离校前,那个学生去拜谢詹姆斯·艾伦。他诚恳地对老师说道:"这次不及格真的让我受益终生。现在,我甚至有点感激这次不及格的经历了。"

后来,正如詹姆斯·艾伦所期待的那样,这个学生成了一位成就非凡的人物。

我们每个人都能够将失败转化为成功,只要我们懂得从失败中吸取教训,继而转败为胜。

詹姆斯·艾伦告诫我们:"**一定不要将失败的责任推给你的命运。你应该仔细研究失败的实例。假若你失败了,那就继续努力学习吧!不要一味地诅咒命运,假若你一味地诅咒命运,你永远不可能得到想要的东西。**"

藐视一切困难

詹姆斯·艾伦指出,这个世界不属于那些胆小怕事、瞻前顾后的人。在他看来,一个人想要获得成功,就一定要扫清前进道路上的各种障碍,藐视一切困难,最终实现自己的目标。

然而,詹姆斯·艾伦也指出,并不是每个人都可以意识到怎样正确地面对前进道路上的障碍。在选择了某条前进的道路以后,他们想象着,前面有不可胜数的暗礁与险滩,就像绵绵不绝的高山一样阻挡了他们前进的道路。所以,不管做任何事情,只要制订好了计划,他们就开始寻找各种困难,畏葸不前。

这些人好像戴着一副"障碍眼镜",他们永远都能看到困难,而且只能看到困难。他们一直都在说"如果""但是""不可能"之类的词眼。实际上,这些词眼已经足够让他们心惊肉跳,或者足够让他们垂头丧气了。

"困难的大小,往往并不在于困难的本身,而在于遭遇困难的人。假如这个人是个强者,那么困难在其面前就会显得渺小;而这个人要是一个弱者,那么,困难在其面前就会永远难以逾越。"詹姆斯·艾伦如是说。

那些有夸大困难倾向的人，常常没有足够的勇气与毅力去争取成功。一遇到困难，他们就害怕、退缩。想到读书的辛苦，想到要干事业的艰辛，他们不寒而栗。他们一直都幻想着有人可以站出来，推他们一把，或者拉他们前行。

一个高中生对詹姆斯·艾伦说，他很想接受高等教育，做梦都会梦到读大学。但是，和别的学生不同的是，没有人能够帮助他实现这个理想，他一筹莫展。他说，若他有一个腰缠万贯的父亲送他去哈佛大学读书，那么，他一定会成为一个成功人士。

听了他的话，詹姆斯·艾伦斩钉截铁地说："你并不是真想要上大学，你只是想不劳而获地得到大学生的荣耀。"事实上，詹姆斯·艾伦认为这个学生并非真的渴望读书、渴望学习。他说："若一个人说他无法去大学读书，那么，他非但不可能到大学读书，而且必定会丢掉生活当中很多值得追求的东西。"

那些意志坚定的、不达目的决不罢休的人也可能会遇到困难。但是，他们从来不怕困难——他们觉得，和自己坚定的决心、信念相比，这些困难简直不值一提。他们感到，在自己的内心深处有一股超人的力量；他们深信，自己无坚不摧的勇气与毅力可以征服一切艰难险阻。

就他们坚定的意志而言，横亘在自己面前的困难是不足挂齿的——当拿破仑决定率大军翻越阿尔卑斯山的圣伯纳隘口时，对拿破仑来说，阿尔卑斯山没有什么值得畏惧的。而对拿破仑的将军们来说，阿尔卑斯山则是令其胆寒的。

夏洛特·安娜·珀金斯·吉尔曼是美国著名的编辑、作家和女权主义者。她在《障碍物》一诗里描述了一个游客的经历。

这名游客背负着沉重的行李，沿着山坡不断地攀爬。突然，一个巨大的障碍物横在了他的面前，挡住了他前行的道路。他变得惊恐不安起来。起初，他非常有礼貌地恳求那个障碍物让开，别挡他的道。但是，那个障碍物纹丝不动。他有些生气了，就大骂起来。但是，那个障碍物还是纹丝不动。

最后，眼看着这名游客快没有了办法、准备放弃时，情况忽然出现了转机——这个游客转念一想，将帽子从头上摘了下来，然后，他拿起棍子漫不经心地向那个障碍物走去，接着飞快地穿过了那个障碍物。

遇到困难，我们应该勇敢地面对它，要像那个游客一样勇敢地冲过去。如此一来，你很快就能越过这个障碍物。

因此，不管做什么事情，你都应该尽可能地对困难与挫折采取藐视的态度，然后，充分利用一切可以利用的资源，将自己的潜能最大限度地发挥出来，尽可能地减少那些不利因素带来的负面影响。

在养成这样的习惯之后，你就会发现，这个习惯不但对你的工作有利，而且还会给你带来无限的幸福与快乐。它会将不愉快的事情变成令人快乐的事情，将不利的因素变成有利的因素，并且，会给你的生活带来比金钱更有意义的东西。不久，你将会发现，你已经变成了一个强者。

超越逆境

顽强的精神是一种勇于挑战自己的力量。只有勇于挑战自我，才能让自己的能力达到真正的提升与飞跃。因此，我们应该时刻以自己为对手，直面自己，战胜自己，进而超越自己。正如许多成功人士那样，我们要时时刻刻都有一种危机意识。如此一来，通过不断地完善自己，才能让自己更强大。

顽强的精神是取得成就的重要保证。通过阅读古今中外名人们的成功史，不难发现：凡是取得了卓越成就的杰出人物，无不经历过挫折的洗礼，并且咬紧牙关挺了过来。无论是应对激烈的战火，还是应对汹涌的波涛；无论是忍受无情的打击，还是抵抗若明若暗的腐蚀；无论是应对他人的指责与谩骂，还是分辨各种流言蜚语，都需要我们具有顽强的精神。一旦具备了不屈不挠的精神，那么，你就会不知不觉地形成一种豁达的、开明的、大度的、伟人般的性格。

在这里，不妨来看看詹姆斯·艾伦的朋友科林的一段自述：

"许多年前，我实现了自己梦寐以求的人生理想：我有了舒适的住宅，两辆豪车，一艘帆船，以及美满的婚姻。而且，我的房地产事业也蒸蒸日上。

"突然之间，股票市场崩盘了。人们对购置房产失去了兴趣。在这种情况下，我不仅赚不到一分钱，还不得不支付高额的利息。没有几个月，我就把自己的储蓄花光了。我觉得自己已经倒霉透顶了。谁知，我那朝夕相伴的太太这时竟然跟我闹着要离婚……

"那段日子真是苦不堪言，为了远离这些烦恼，我决定去外面散散心。于是，我扬帆起航，沿着海岸从康涅狄格州南下往佛罗里达州驶去。但是，到达新泽西州海岸以后，我竟然转向正东航行，直奔大海。几个小时以后，我斜靠着栏杆，心里暗想：'让海水把我吞没，似乎是再容易不过的事情了。'

"突然之间，船被巨浪抛到了空中，又扔了下来。我失去了平衡，所幸，我牢牢地抓住了栏杆，但两只脚却早被冰冷的海水吞没了。我使劲爬回船上——我吓坏了，暗想：'啊，好险！我捡回了一命！'

"从那时开始，我明白，一定要打起精神，勇敢地战胜自己，只有这样，才有可能渡过难关——旧的生活已经远去，我一定要重建起新的生活才行。"

假若你再问我："顽强的精神是什么？"科林在绝望之中突然意识到生命的可贵，这就是一种顽强的精神！每一个想要成就一番事业的人，都可以选择顽强地从挫折里慢慢走出来，而不是陷入困难与挫折的泥潭中不能自拔，困难与挫折是能够战胜的。你会发现，无数人的经验证明，真正的自我实现的过程，必然是一条历经"失败——成功——再失败——再成功"的盘旋上升的成功之路。

遇到困难与挫折，既不要畏惧，也不要回避，而应勇敢地面对。不管遇到任何事情，只有勇敢地尝试，才可能有所收获。若因害怕失败而放弃挑战自我的机会，那么，这个人就永远不可能取得任何进步。不进行勇敢的尝试，就没有办法探知事物的深刻内涵，而尝试过后，则因为对实际的痛苦有过切身体会，就会为将来的发展做好铺垫与准备。

顽强的精神是一个人最珍贵的心理品质，是克服困难、谋求生存、应对厄运、维系生命、成就事业的最关键因素，是改变命运的利器，更是人的精神支柱。要真正做到从险中得安、愁中见喜、苦中取乐、惊中见奇，就一定要具有顽强的品质与乐观的精神。

作战胜利的桂冠，都是由顽强的精神来打造的；运动场上光彩夺目的金牌，是用顽强的汗水锻造的。航海家假若没有顽强的精神，就会使船队葬身大海；科技工作者假若缺乏顽强的精神，经受不起一次又一次失败的打击，就不可能将卫星送上太空，也就不可能推动科技的发展。如果是那样，人们很可能还生活在茹毛饮血的时代。

不妨将困难与挫折比作人生的一道美丽的风景。人生就像游览名山大川，在看到美景的同时，自然也要面对高山路险、崎岖坎坷。试想，平坦的道路上能有动人心魄的奇景吗？人生就像泛舟出海，在尽览浩淼浪涛的同时，也会遇到惊涛骇浪，试想，在平静如镜的小池塘里，能看见多大的波涛？

在人生的漫漫长路上，每个人都会遇到各种困难与挫折，遇到疾病与灾难。无论生活给了我们什么，我们都要勇敢面对，勇敢承受。在困难与挫折面前，在面对疾病与灾难的时候，千万不可心生怨气。只有直面它们，寻找各种解决办法，即便不能将问题完全解决，也不能自暴自弃，也要让生活中的每一天都充满阳光。

让我们记住詹姆斯·艾伦的这句话：任何人在张开双臂迎接成功之前，一定要具有顽强的精神。

即便只有1%的机会，也不要轻言放弃

当成功的机会仅有1%，甚至更小时，你会去做吗？

对于这个问题，相信会有许多人望而却步，但真正有能力的人必定会接受这个挑战，即便只有1%，甚至更小的概率，他们也会付出100%的努力，并且，通过这种努力去把握这种机会。

真正敢于挑战1%概率的人，虽然也有可能挑战失败，但迟早会抓住机遇，获得成功。

约翰·甘布士是美国百货业巨子。他指出，机遇无处不在，有时，也许仅仅存在1%的可能，但是它毕竟存在着。只有锲而不舍地追求它的人，才有可能最终捕获它。

他的座右铭是："纵然只有1%的机会，我也决不放弃。"

一天，甘布士想要乘坐火车去纽约，可是他事先并没有订好车票，这时恰逢圣诞节前夕，去纽约度假的人非常多。所以，火车票非常难买。

甘布士夫人打电话去火车站咨询："是否还可以买到这一次的车票？"

车站的答复是："全部车票已经售罄。但是，如果你们不嫌麻烦，那么不妨带上行李去车站碰碰运气，看是否碰巧有人会临时退票。"

车站反复强调了一句,这种机会或许只有1%。

甘布士听了之后非常高兴,他马上收拾好行李准备往车站去,而且,他居然满面春风。

他的夫人问道:"约翰,要是你到了车站买不到车票怎么办呢?"他不假思索地答道:"那没有关系,我就当是提着行李去车站散步。"

甘布士到了车站,等了很久,一个退票的人也没有,只见乘客们都一个接一个地检票进站了。那些没有买到票的人都不甘心地向月台走去,显然是要打道回府。

不过,甘布士并没有像其他人那样急着往回走,而是继续耐心地等待着。

距离开车大概还有5分钟时,一个女人慌忙赶来退票——她的女儿突发重病,她一时半会走不开。于是,甘布士立即买下了那张车票。

到了纽约,他在酒店里洗了澡,躺在床上给他太太打了一个长途电话。

在电话里,他轻轻地说:"亲爱的,我抓住那只有1%的机会了。这让我相信,一个不怕吃亏的笨蛋才是真正的聪明人。"

曾经有一段时间,维尔地区经济萧条,许多工厂和商店纷纷倒闭,被迫降价抛售他们堆积如山的存货,价钱甚至降到了1美元可以买到100双袜子。

那个时候,约翰·甘布士还是一家织造厂的小技师。得知了这个消息后,他马上用自己的全部积蓄去收购这些低价货物。人们见到他这股傻劲，都公开嘲笑他是个傻瓜！他们觉得，想要通过这次收购来发大财简直是痴人说梦。

约翰·甘布士却对这些讥笑淡然处之，他觉得只要有机会，纵然概率只有1%，甚或更小，他也要努力去争取。于是，他将各个工厂和商店抛售的货物全部收购来，并且还租了个很大的货场来放置这些货物。

他的妻子劝告他，别将这些廉价抛售的东西买回家——他们历年积蓄下来的钱并不多，而且，这些积蓄原本是要用来给子女们当教育费的。假若这次血本无归，那么他们只好倾家荡产去睡大街了。

听完妻子的话，甘布士胸有成竹地说道："亲爱的，不用那么紧张。你就瞧好吧！3个月后，那些货物就会让我们发大财。"

甘布士的话好像很难变为现实。

十天后，那些工厂即便用再低的价格抛售也没有人买了，于是，他们不得不将所有存货一车一车地拉出去烧掉——用这种方式来使市场物价保持基本稳定。

他的妻子看到那些人已经在焚烧货物了，变得焦虑不安起来，开始埋怨起甘布士。对于妻子的抱怨，甘布士却不置可否。

很快，当地政府采取了紧急行动，很快将维尔地区的物价稳定住了，并且，政府还大力支持那里的厂商重操旧业。

这时，维尔地区由于焚烧的货物过多，存货严重不足，导致物价暴涨，很快就出现了通货膨胀。

约翰·甘布士抓住这一有利时机，迅速将自己积攒的大量货物投放市场，不仅狠狠赚了一大笔钱，而且还稳定了市场物价，因而受到了当地政府的表彰、奖励。

在约翰·甘布士决定抛售这些货物时，他的妻子对他说："咱们不忙着出售货物，你看物价还在飞涨，再过段时间，咱们能够赚得更多。"

约翰·甘布士平静地说道："亲爱的，现在正是抛售的良机，要是再拖延一段时间，我们就会后悔不及。"

不出所料，甘布士的货刚刚卖完，维尔地区的物价就开始下跌了。他的妻子对他的远见卓识佩服不已。

后来，甘布士用这笔钱，开设了5家百货商店，而且他的生意极为兴隆。

最后，甘布士成了整个美国举足轻重的商业巨子。功成名就之后，他在一封给经商者的公开信里诚恳地写道：

"亲爱的朋友们，我觉得，你们应该重视那1%的机会——它将会带给你们意想不到的财富与成功。有人说，这种做法是白痴一般的行为，比买奖券的希望还渺茫。我认为，这种观点失之偏颇，这是由于开奖券是由他人主持的，而买奖券的人丝毫无须努力。

"相较而言，这种1%的机会，却完全是靠你们自己的眼光、胆识才能抓住的。不过，你们也一定要注意，想要牢牢抓住这1%的机会，就一定要注意以下两点：

"一是要把眼光放长远,否则,你不可能抓住任何机会;

"二是要锲而不舍,否则,即使抓住了机会,也不可能利用好。

"只要做到这两点,你们就肯定会成为未来的商界新星。经验告诉我:别放弃一切可能的机会,尽最大的努力去捕捉它们,这就是所谓的'成功之道'。"

卷十四

自动自发

原著 [美] 阿尔伯特·哈伯德

抛弃"为老板打工"的错误思想

"我不过是在为老板打工。"这种想法其实大有问题。在许多人看来,工作只是一种简单的雇佣关系,干多干少、干好干坏对自己都没有多大意义。

汉斯与诺恩都在一个车间里工作,每当下班的铃声响起,诺恩总是第一个换上衣服,冲出厂房,而汉斯则总是最后一个离开,他在兢兢业业地做完自己的工作后,就会在车间里走一圈,看到没有问题后才关上大门。

有一天,诺恩与汉斯在酒吧里喝酒,诺恩对汉斯说道:"你让我们感到非常难堪。"

"为什么?"汉斯有些疑惑不解。

"你让老板认为我们不够努力。"诺恩停顿了一下,继续说道,"要知道,我们不过是在为他人工作。"

"是的,我们是在为老板工作,不过,也是在为自己工作。"汉斯铿锵有力地回应道。

然而,许多人并不曾意识到,自己在为别人工作的同时,也是在为自己工作——你不但为自己赚到了养家糊口的薪资,还为自己积累了工作经验——工作会带给你远远超过薪水以外的东西——从一定程度上来说，工作其实是为了自己。

我们口口声声说要努力工作，那么，如何做才算是努力工作呢？

我认为，努力工作就是尽自己最大的努力将工作干好！从最低层次讲是拿老板的工资，替老板干活。但仅仅认识到这个层面，是远远不够的。我们一定要摒弃"为老板打工"的思想，把工作当成自己的事情，在工作中融入一种使命感与道德感。

而不管是哪个层次，努力工作所表现出来的，就是认真负责、一丝不苟、善始善终的工作态度。

当你将努力工作当成一种习惯之后，纵然一开始，这样做可能并不能为你带来什么可观的收益，不过，可以肯定的是，你的付出永远会比那些缺乏敬业精神的、自由散漫的懒汉要好得多——若敷衍了事、不负责任的做事态度深入到我们的潜意识里，我们做任何事就会随意而为，后果不堪设想。

我们不妨来看一个故事：

贝恩是个木匠，他一直工作勤奋，深得老板的信赖。待年老体衰时，贝恩对老板说，他想退休回家，和妻儿老小共享天伦之乐。老板非常舍不得他，于是一再挽留，但他主意已定。随即，老板只好答应了他的退休请求。不过，老板希望贝恩能在走之前再帮助自己盖一座房子。贝恩感到盛情难却，就答应了。

贝恩想回家的心情十分迫切，已经全然没有心思工作。于是，他选择物料很不严格，做出来的活也大失水准。老板看在眼里，但并没有说什么。等到房子盖好后,老板将钥匙交给了贝恩。

"这是你的房子,"老板说,"也是我送给你的礼物。"

贝恩一下子僵在了那里,他羞愧万分,说不出一句话。想不到自己一生盖了那么多受到一致好评的高楼大厦,临退休时,却亲手为自己盖了一幢粗制滥造的房子。

当然,你完全有理由说,这不过是一个精心编造的故事。不过,这足以说明,你所做的努力并不完全是为了老板,其实,归根结底,你是在为自己工作。

贝恩在一念之间晚节不保。然而,无数年轻人甫一踏入社会,就丧失了责任感,很快就学会了投机、钻营。老板刚一转身,他们就停下了手里的活;一旦失去监督,他们工作起来就推三阻四,不思进取,常常寻找各种借口,来掩盖自己没有尽职尽责的事实。

埋怨、疑虑、消极、散漫……这样的职业病就像瘟疫一样,在学校、企业里甚嚣尘上。令人钦佩的是,那些不管老板是不是在办公室都会努力工作的人,他们总是尽心尽力地完成自己的工作。所以,不论在什么地方,这种人永远都最受老板的欢迎——这个时代也更需要这样的人才。

"我仅仅是在为老板打工。"这句话里暗含着的意思是"假若我是老板,我就会更加努力"。不过,事实远不是这么简单。

杰克是一位才华横溢的年轻人,不过,对待工作却总是一副漫不经心的态度。一位朋友曾经出于好心,私下里悄悄指出了他的这个毛病。

谁知，他却振振有词地说："这又不是我自己的公司，我为何要为老板那么拼命。假若这是我自己的公司，我肯定会像老板一样没日没夜地工作，甚至会比老板做得更好。"

一年后，他写信告诉那位朋友，自己已经辞职了，并且独立创办了一家事务所。他在这封信的末尾如此写道："我一定会很用心地经营它，因为它是我自己的公司。"

朋友回信表示祝贺，同时也提醒他，对将来可能会遇到的困难与挫折，一定要有清醒的认识。

半年后，朋友又一次收到了杰克的消息。杰克对这个朋友说道："一个月前，我把公司关闭了。我现在又去为老板工作了。真没想到，开个公司会那么麻烦、那么复杂。我一点也干不下去了。"

出现这样的结果再正常不过了。一开始，许多年轻人都会怀着满腔热情，准备全身心地投入工作之中。可是，一旦遇到磨难，就很快失去了耐心，难以坚持下来。

如果在做雇员时缺乏忠诚、敬业的态度，这种习气一定会对一个人今后的工作产生消极影响。不管他做什么工作，或是自己当老板，这种心态都不大可能轻易转变过来。

所以，还是尽快抛弃"为老板打工"的错误思想吧！

对待工作一定要热情

压根没有必要去问一个人是不是热爱自己的工作，因为他脸上的神情就已经说明一切了。那种执行任务时的轻快与骄傲，以及那难以掩饰的激情与精神，无不体现了这一点。这一切都表明，这个人一定非常热爱自己的工作，并且在其中找到了非常大的乐趣，这种源自内心深处的喜悦让其整个人都亮了起来。

两个人做同一件工作时，其方式、方法、态度都会有很大的不同。阿尔伯特·哈伯德举了这样一个例子。他认识很多擅长干家务的家庭主妇，他发现，她们无论是蒸面包、整理床铺，还是擦洗家具，都带着一副乐在其中的专注神态。她们抱着积极的心态做这些事情，并且从中享受到无限的乐趣。

或许，在其他一些家庭主妇看来，这一切都是非常枯燥乏味的。然而，在这些怀有积极心态的家庭主妇的眼中，这样的生活简直妙不可言。她们可以从家务事里发现艺术之美。不管是照料孩子还是料理家务，她们都不觉得乏味无聊。事实上，看着她们怀着轻松愉悦的心情来做事情，看着她们那种由内而外的满足，真是一种享受。

她们快乐、自在地摆放着每一件家具，摆弄着自己心爱的小玩意，这举手投足之中无不流露出她们的品位。她们的家庭氛围是那样的温馨、舒适，让人们的心灵得到慰藉，生活也变得更加美好。

我还认识另外一些家庭主妇，她们将做家务当作世界上最单调乏味的事情。她们对做家务深恶痛绝，她们会抓住一切机会拖延做家务，甚至干脆不做家务。即便不得不做家务，也没有什么实际效果，不是把整个房间弄得一片狼藉，就是乱成一团。走进这样的房间，一点也没有舒适感可言。生活在这样的家庭里，人们的心灵怎么会不受伤？你仅仅会觉得一切都是乱糟糟的。也就是说，这样的家庭主妇是在用三心二意的手艺人的心态来做家务，而不是像前面提到的那些怀抱着积极心态的家庭主妇那样，完全用艺术家的心态来做家务。

事实上，一个人是否喜爱他的工作，你通常可以一眼看出来。如果一个人工作时具有积极性、主动性、创造性，并且做起事情来全神贯注、一丝不苟，那么，十有八九这个人热爱其所干的工作。而从那些把工作当作应付差事、认为自己从事的工作乏味、无聊的人身上，你是看不到上述种种激情与活力的。

假若一个懒惰的家庭主妇遇到仆人生病，或因故不能做家务时，她往往会边做家务边抱怨。而勤劳的家庭主妇遇到这些事情时，则会显得更有人情味。她们觉得，仆人正好可以休息一段时间，而自己也可以亲自打理一些家事。在这种自己动手的时刻，她们也会觉得非常高兴。具有后一种心态的家庭主妇，做每一件事情都会全力以赴，并且会将自己高雅的品位展现在家庭中的方方面面。

类似的情形在商店、工厂、办公室里也时常能见到。一些职员做事拖拉，甚至连走路都给人很吃力的感觉，对他们来说，生活完全是一个沉重的负担。而且，他们对自己的工作非常厌恶，希望尽快将这一切结束。另一方面，对于别人精力充沛、干劲十足的工作劲头，他们总是觉得非常诧异。在他们看来，那些工作实在是太无聊了。他们对一切都感到厌烦，也影响了旁观者的心情。

而那些积极乐观的人，在做任何事情时，仿佛都有着用不完的精力，他们神情专注、身心愉悦，并且常常主动找事干。

对待工作的不同态度，会产生迥然不同的结果。

任何老板都喜欢工作勤奋、积极进取的员工。这些员工为公司创造了价值，而老板们也会通过提升他们的职位、增加他们的薪水来表达对他们好感与肯定。这些员工的积极心态也常常感染老板，老板也知道，这样的下属是在尽力帮助自己。并且，这对那些喜欢逃避责任的员工来说也是一种激励。

另一方面，在那些冷漠的、粗心大意的员工的影响下，老板自己也会变得压抑，逐渐对工作丧失热情，于是，得过且过、随波逐流的心理会在暗中滋长。

所以，老板通常更愿意与拥有积极心态的员工沟通、交流，并对他们的生活表示关心。而对那些不用心工作、逃避责任、没有实际业绩的员工则非常反感。

即便是补鞋这样看似平常的工作，也有人能将它当作艺术来做，全身心地投入其中。无论是打一个补丁，还是换一个鞋底，他们都会一针一线地精心缝补。这样的鞋匠就像一个真正的艺术家。

而另外一些人却正好相反。他们会随便打一个补丁，安一个鞋底，全然不顾其外观是否好看，穿上是否舒适。他们似乎仅仅是一个谋生者，从来不管什么生活质量。

一些教师会用大师的标准来严格要求自己，在教书育人的生涯里全力以赴，用满腔热忱、同情心、责任心来对待每一位学生，学生也会从他那里获得巨大的教益，并成为学生们受用一生的财富。他们似乎要将温暖的阳光照射进每个学生的心里——教室恰似他们的画室，而他们就是站在画布前面的大师，聚精会神地进行自己的绘画创作。

另外一些教师的态度则大相径庭，一大早就开始对一天的工作感到厌倦。他们一想到要去给那些"愚蠢"的学生上课，就觉得反胃。他们讲课时既没有激情，也没有活力。不仅如此，他们还会有意无意地将不良心态传染给学生。

100多年前，住在罗德岛上的一位农场主想要砌一堵漂亮的石墙——就仿佛一位艺术大师要创作一幅杰作一样。当然，他更为专注。他反复地审视着每一块石头，研究这些石头的特点，思考怎样将它放在最佳的位置上。

墙砌好以后，他站在附近，从不同的角度仔细打量，像一位伟大的雕刻家欣赏着自己手下粗糙的大理石变成精美的塑像，其满足程度可想而知——因为他将自己的品格和热情倾注到了每一块石头上。

每年，到他的农场参观的人熙来攘往，他也非常乐于为观众们解说每一块石头的特点，以及自己是怎么将它们的鲜明个性雕刻出来的。在许多参观者心里，这个热情洋溢的农场主其实才是农场中最吸引人的风景。

主动与上司沟通

在人际交往中，有效的沟通是交往成功的重要前提。同理，员工想要使老板重视你、欣赏你，就一定要主动地与老板沟通。

阿尔伯特有一个叫奥里森的好友。他是美国金融界的知名人士。初入金融界时，他的一些同学已经在金融界里担任了高级职务。奥里森为人非常谦虚、好学，他主动去向他们请教成功的经验。这些人教给奥里森的一个最重要的秘诀——"要主动与你的老板沟通"。

这一点非常重要，因为许多员工都不敢主动与他们的老板沟通，他们总觉得对老板有一种畏惧感。他们见了老板大气都不敢出，举手投足之间都谨小慎微，即便是要面见上司陈述工作上的事情，也是能免就免，或者请同事代为转达，或者做成书面报告。

总之，他们尽一切可能地避免与老板面对面接触。时间一长，员工与老板的隔阂肯定会越来越大。

众所周知，人与人之间的好感必须通过当面接触以及语言交流才有可能建立起来。一个员工也只有主动与老板进行面对面的交流，把自己真实地展现在老板面前，才可以使老板清楚地看到自己的工作才能，才会有被赏识、被拔擢的机会。

在很多公司，尤其是在一些新近走上正轨，或者拥有许多分支机构的公司里，老板一定会物色一些管理人员前去工作，这时，老板肯定会优先考虑那些能力高或沟通能力强的人，而不是那些默默无闻，只知道埋头苦干，却不会主动与人沟通的员工。

显然，两相比较，愿意主动与老板沟通的员工，一定能通过有效的交流更快、更好地领会老板的意图，将工作做得恰到好处。因此，这种人总能够博得老板的青睐。

想要主动与老板沟通的人，就应该主动争取每一个沟通机会。事实证明，许多和老板偶遇的场合或许会决定你的未来。

譬如，在走廊里、楼梯间，或者吃工作餐时，当你遇见你的老板，可以自然地走过去向他问声好，或者与他谈几句工作上的事情。千万不要像某些同事那样，远远地躲着老板，即便有机会与老板擦肩而过，也噤若寒蝉，或者闭口不言。抓住有利时机表明你与老板志趣相投，其实是再好不过的事了——所有的老板都欣赏那些与其有共同兴趣、爱好的人。

当然，这并不是说，若你主动与老板沟通，就一定可以得到老板的垂青。不同的老板喜欢用不同的方式进行管理。而一旦主动与老板沟通时，你需要明白自己的老板有哪些特别的兴趣爱好，这对你们的沟通是否有效起着举足轻重的作用。

一般来说，以下是一些高效、成功的沟通要领：

一、语言越简洁越好

老板们有一个共同的特点，即事情繁多、整天都很忙，因此，他们特别注重效率，最厌烦长篇大论。所以，想要引起老板的注意，并且实现与老板的有效沟通，你当务之急就是要学会简明、扼要的表明观点。

简洁最能表现你的才能。莎士比亚将简洁称作"智慧之魂"。用简洁的语言、简洁的行为与老板进行某种形式的短暂交流，通常可以收到事半功倍的良好效果。

二、不卑不亢是沟通的根本

即便面对的是你的老板，你也不要表现得畏首畏尾、手足无措。毋庸讳言，老板通常都会尊重自己的员工。如此一来，做到不卑不亢就显得尤为重要。

在与老板沟通时，若员工一味地迁就或奉承老板，则容易使老板产生厌恶之感，反而不利于员工与老板的沟通。相反，你若能用不卑不亢的言行去与老板沟通，并且对老板的问题对答如流，那么老板就很容易对你产生好感。

三、学会换位思考

在主动与老板沟通时，不要总想着出风头，而应时时处处替老板着想，多从老板的角度考虑问题，兼顾双方的共同利益。在谈话时，你尤其要注意，千万不可处处与老板针锋相对，而要充分地理解和尊重老板。如此一来，你们的沟通过程自然会十分顺畅，结果自然也会令人满意。

四、用心聆听

了解是理解的前提。没有一个老板会喜欢口若悬河的、不顾及他人意见的员工。在相互交流时，更为重要的是，你要了解清楚老板的观点，并且，不要太急于发表自己的意见。用足够的耐心，聆听老板的教诲，这是最能赢得老板认可的沟通方式。这样的员工，也最容易得到老板的提拔任用。

五、贬低他人不能抬高自己

在主动与老板沟通时，切忌为了抬高自己而有意贬低其他同事，更不能妄议老板。认为功劳都是自己的，问题都是别人的——这样的人通常不会受到老板的器重。

主动与老板沟通时，你一定要记住，将自己先放在一边，先突出老板的地位，争取赢得老板的尊重。

当你想要表达不满时，一定要铭记这条规则，即你所说的话应该对事不对人。不要仅仅指责对方做得如何糟糕，而要具体分析有些什么不足，可以如何弥补……类似这样的有建设性的沟通，才能收到良好的效果。

六、用自己的知识说服老板

面对科技的日新月异，以及潮流的迅猛变化，你对工作相关的领域必须有一个清晰的了解。广博的知识，则有助于你论证自己的观点。如果你知识浅薄，对老板的问题就难以做到有问必答、条理分明，时间一长，老板就会逐渐对你丧失信心，不再信任你。

在了解了老板的沟通倾向以后，员工需要调整自己的节奏、重点，让彼此的沟通能够最大限度地达到契合。

不只是为了薪资而工作

对于大多数人来说，工作无疑是一种谋生的需要。不过，比谋生更重要的是，在工作中将自己的潜能充分发掘出来，将自己的才干充分施展出来，将事情真正地干好。

一些年轻人往往对自己抱有很高的期望，觉得自己应该受到重用，并得到丰厚的报酬。这类人往往喜欢相互攀比彼此的薪资收入，好像薪资是他们衡量一切的标准。他们有远大理想，刚踏入职场就希望自己担任重要的职责，或者，刚创业没几天，就想成为百万富翁。他们仅仅知道向老板索取高昂的薪资，但并不知道自己究竟能做什么，更没有兴趣从小事做起，一步一个脚印地由基层工作做起。

只为薪资而工作，使许多人丧失了更高的目标和更强劲的动力，使职场上出现了一些不正常的现象。这些现象主要有应付工作、到处兼职、时刻准备跳槽等。

一、应付工作。这样的员工总觉得公司给自己的薪资太少，因此，他们有理由不认真工作。他们工作时缺乏热情，总是抱着应付差事的态度，能偷懒时就偷懒，能逃避时就逃避，用这种方式来对老板宣泄不满情绪。他们对工作的唯一目的就是薪资。

二、到处兼职。为了补偿心理的不满足,他们到处兼职,甚至一人身兼数职,多种角度不停地转换,长期处于疲劳状态。这导致他们的工作不出色,能力也难以提高,最终,连谋生的路子也越走越窄。

三、时刻准备跳槽。他们抱着这样的想法:现在的工作仅仅是跳板,时刻准备着跳到待遇更好的单位去。不过,实际上,相当多的人不但没有"越跳越高",反而由于频繁地换工作,使得别的公司不敢对他们委以重任。

此外,由于他们过于热衷于跳槽,对工作三心二意,很容易失去上司的信任。因此,一个人如果专为薪资而工作,将工作当成解决温饱问题的一种手段,而没有更高远的眼光与追求,最终受欺骗的可能就是自己——他会在斤斤计较薪资的同时,错过了积累宝贵的经验,以及进行有效训练、提高能力的机会。而这一切显然比那点薪资更有价值。

而且,每个人都清楚,在员工升迁的标准中,员工的能力和其所做出的努力占有很大的比例。没有一个老板不愿意得到一个能干的员工。而只要你是一位尽职尽责的员工,总会有得到提升的机会。

因此,永远不要对某个薪资微薄的同事某一天突然被提升到重要的职位上表示惊讶。如果说这其中有什么玄妙的话,那就是他们在开始工作的时候——在获得的与你相同,甚至比你还少的薪资时,付出了比你多一倍,甚至几倍的切实努力,正所谓"不计回报,回报反而会更丰厚"。

如果你想要成功,对于自己的工作,最起码应该做到全力以赴。而且，应该时时告诫自己：我置身职场，是为了生活，更是为了自己未来的事业。薪资的多少永远不是我追逐的终极目标。对我来说，那仅仅是一个极其微小的问题而已。我更为看重的是，是否能够在工作中获得大量有益的知识，是否能够积累起宝贵的经验，以及是否存在跃升成功人士之列的各种机会。以上所有这一切，才是我在乎的，并不仅仅是薪资的高低。

实践证明，假若你不计回报、勤奋工作，看似你付出的比你获得的薪资多得多，但是，事实上，你为自己获得更大的发展创造了优越的条件，而这却是比薪资本身重要千万倍的。

不断为自己寻找新的挑战

在竞争日趋激烈、危机感日渐增强的职场里，不断为自己寻找新的挑战，而不是被动地接受挑战，是职场人士立于不败之地的不二法门。

著名的"马蝇效应"就是一个不断为自己寻找新的挑战的鲜明事例。这个例子，还得从林肯总统的一段轶事说起。

1860年，林肯当选为美国总统。一天，有一位叫作巴恩的大银行家到林肯的府邸来拜访，正巧看见参议员萨蒙·蔡思从林肯的办公室里走出来。于是，巴恩就对林肯总统说道："在组阁时，您最好把这个人排除在外。"

林肯总统奇怪地问道："为什么？"

巴恩说道："因为这个家伙狂妄自大，他甚至自认为比您要伟大得多！"

林肯总统笑道："哦，除了他以外，您还知道有哪些人觉得他们比我还要出色呢？"

"不知道，"巴恩说，"但是，您为什么这样问？"

林肯总统回答："因为我想把这样的人全都纳入我的内阁之中。"

事实上，巴恩说得没错，蔡思确实是一个狂妄傲慢的家伙。他处心积虑地谋求最高领导权,一心想要入主白宫,结果没料到最终败给了林肯。于是,他只好退而求其次,谋求国务卿的职位。但是,林肯总统已经将这个职位给了西华德,迫于无奈,蔡思只得当了林肯政府的财政部长。为此,他怀恨在心,愤怒不已。但是这个家伙的确是个才华卓越之人,在财政预算与宏观调控方面能力非凡。林肯总统对他一直非常赏识,而且采取各种手段尽量避免与他产生直接冲突。

后来,掌握了蔡思种种劣迹,并且搜集了许多资料的《纽约时报》的主编亨利·雷蒙特拜访了林肯总统。在谈话之中,他提到,蔡思正在狂热地谋求总统的职位。

林肯总统以自己一贯的幽默态度对亨利·雷蒙特说道:"亨利,你是在乡下长大的吧?那么,你一定知道什么是马蝇喽。一次,我和我的兄弟在肯塔基老家的一个农场翻耕玉米地,我牵马,他扶犁。偏偏那匹马非常懒,老是不肯使力。不过,有一阵子,它却在地里没命地狂奔,我们差一点就被他甩掉了。到了地头,我偶然发现,原来有一只个头非常大的马蝇叮在它身上,我随即用手把马蝇打落到地上。我的兄弟问我为什么要把它打掉。我对他说,我不忍心看着马被它叮咬。只听我的兄弟说道:'正是因为有那只马蝇,这匹马才会突然之间跑得那么快!'"

接着,林肯总统对亨利·雷蒙特说道:"假若现在有一只叫'总统狂'的马蝇正叮着蔡思先生,那么只要它能让蔡思的那个部门不停地跑,我就不想去打落它。"

没有马蝇叮咬,马就磨磨蹭蹭,走走停停;有了马蝇叮咬,马就不敢怠慢，跑得飞快。这就是著名的马蝇效应。

慢马变为快马的秘密，在于马蝇的叮咬。那么，作为身处职场的一名员工，想要干一番事业，想要证明自身的价值，或者想要获得物质上的财富，需要什么来叮咬呢？

答案就是志在必得的获胜欲望。成功学大师戴尔·卡耐基说过一句话："要做成事的方法，是激起竞争——不是钩心斗角的竞争，而是志在必得的获胜欲望。"

这种获胜的欲望就好像是叮在我们身上的一只马蝇，它迫使我们在困难面前永不妥协，在强大的对手面前永不低头，多一点获胜的欲望，就一定会多一点成功的机会与动力。

那么，怎样才能激起获胜的欲望呢？

答案就是保持强烈的进取心，不断地挑战自我，绝不安于平庸！这是那些出类拔萃的员工们最喜爱的竞技——一种自我表现的绝佳机会，是激起内心求胜欲望的最好方法。

有进取心、不断挑战自我，从根本上说是为了自身的不断进步。而这种挑战的过程又是重塑自我的过程。这好比跳高运动员，不断挑战就是要将有待越过的横杆不断升高，没有最好，只有更好。或许，这种挑战所带来的对目标的超越，仅仅是增加了一点，并非很突出，但是，正因为增加了这一点，他们才可以保持内心的那种获胜的欲望，不断走在前进的路上，不至于停滞不前。

职场里也是这样。在竞争日趋激烈、危机感日渐增强的职场里，你必须不断给自己提出新的挑战,而不是被动接受挑战。

  需要特别指出的是,在给自己寻找挑战时,不能眼高手低、不切实际,也不要认为挑战的对象就一定是什么宏大的目标。在工作中,多改变一点小的不良习惯,多纠正一点小的工作缺陷等,都能够成为你选择挑战的对象。

即便是额外的工作也不要抱怨

在职场上，许多人认为，只要将自己分内的事情做好，就万事大吉了。当接到上司或老板安排的额外工作时，他们不是满脸的不情愿，就是愁眉不展，嘀嘀咕咕地不停抱怨。或许，这就是这些人一事无成的主要原因。

在柯金斯担任福特汽车公司经理时，有一天晚上，公司有十分紧急的事，要将通告信发给所有的营业处，因此需要抽调一些员工协助。当柯金斯安排一个做书记员的下属去帮忙套信封时，那个职员傲慢地说："那有碍我的身份。分外的事我可不做。再说，我到公司来不是做套信封工作的。"

听了这话，柯金斯十分生气。不过，他仍旧平静地说道："既然你不做分外的事，那就请另谋高就吧！"

那个员工就这样失去了工作。

埋怨分外的工作，不是有气度和有职业精神的表现，更不是一个成大事者的表现。一个勇于负重、受老板赏识的人，会主动为老板排忧解难。由于额外的工作对公司来说常常是当务之急，所以，竭尽全力地做好额外的工作，更能够体现出你的良好的敬业精神。

想要在职场里有所成就，除了努力做好本职工作以外，你还应该经常去做一些分外的事。因为只有这样，你才能够时刻保持斗志，才能够在工作里不断地充实、锻炼自己，也才能够引起他人的注意。

丹尼斯是一家公司的员工，他的升迁速度之快令人惊诧。那么，为什么他会得到上司的一再提拔呢？其中一个重要原因就是，他特别乐意做自己分外的事情，正是这一点赢得了老板的好感。

在忙完自己的工作以后，丹尼斯总是不怕麻烦地为其他人主动提供帮助，无论对方是自己的同事还是上司。而且，丹尼斯还会把那些额外的工作与本职工作一样认真地对待，而且任劳任怨，不计报酬。慢慢地，老板总会找丹尼斯帮一个小忙，或分担一些重要工作。

接到额外的工作时，别总是一副愁眉苦脸的样子，也别不停地埋怨，多做一些额外的工作，从长远看，对你的成功大有裨益。

第一，多做一些分外的工作一定会让你获得一些良好的声誉，这对你来说，是一笔巨大的、无形的财富，在你的职业发展道路上，可能会起到关键作用。

第二，多做一些分外的工作，就会多一次锻炼与学习的机会，多一种技能，多熟悉一种业务，对自己未来的发展总是有好处的——它会让你尽快地成长起来。

当一个人不埋怨分外的工作并且乐意尽力完成时，那么，你就能够确定，这是一个可以在职场出人头地的人。

卷十五
《塔木德》的智慧

原著 [美] 塔尔莱特·赫里姆

78:22 法则

在犹太人的处事经典《塔木德》里，78:22法则是一个永恒的法则。

所谓的78:22法则，严格来说，应该是78.5:21.5法则，为了方便人们使用，才被改称为78:22法则。

这一法则的内容是，如果一个正方形的面积是100，那么，它的内切圆的面积就是78.5，而剩下部分的面积就是21.5。这两个数字如果以整数来表达，就是78:22。犹太人认为，宇宙与生活是相依相生、并行不悖的。所以，他们将这看作自己生活的法则，并将这一法则用在做生意上。久而久之，这一法则也成了他们前进的方向和精神的支柱。

说来也巧，在空气中，氮气占78%，氧气占22%；而人体也是由78%的水和22%的其他物质构成的。这个78:22的比例，因之成为人类难以抗拒的自然法则。

是的，人类无法违背这个法则，否则连生存下来都做不到。试想，假若空气中氮气占22%，氧气占78%，人类是否还能在这样的空气里存活下来？又如，将人体里的水分比降到60%，那么，这个人一定会因缺水而死。所以，犹太人认定，78:22是一个永恒的法则。

在犹太人的观念中，做生意也要顺应这一法则。在一个国家里，富有的人的数量远远少于普通大众,但富人所持有的货币数量却多于大多数人。换句话说,普通大众所持有的货币数量为22%,而富人所持有的货币数量是78%。所以,如果做生意时你以拥有大量财富的22%的富人为主要对象,那么,你一定会赚钱。

犹太人很快就从商业实践里找到了证据:生产、经营汽车的企业要比生产、经营自行车的企业更赢利——一般而言,买汽车的人是富人,即属于22%范围内的人;而买自行车的人是普通人,即属于78%范围内的人。

同样,珠宝首饰店的利润也要比卖普通服饰的商店丰厚得多。因此,在世界范围内,许多犹太商人所从事的,正是他们所谓的"第一商品"——金银、珠宝、裘皮等的贸易。这些商品虽然昂贵,但却为富人所需要,所以,一定能够赚取高额利润。

这样看来,78:22法则确实是一个真理,它一直在冥冥之中左右着我们的生活。而犹太人则始终把它视为经商的基础,在实践中凭借这个法则赚取了令世人艳羡的财富。

阿卡德是一位美籍犹太人。第二次世界大战初期,为了逃避德国法西斯的迫害,他的父母逃到了美国。后来,阿卡德出生了。然而,在阿卡德初中还没有毕业时,他的父亲就因过度劳累而撒手人寰。由于没有了生活来源,也没有钱上学,他只得辍学回家。作为家中的长子,阿卡德毅然挑起了养活一家人的重担。辍学以后,阿卡德依靠打工来维持生计。

阿卡德是个意志顽强的人,虽然生活窘迫,但是,他没有放弃学习，在打工挣钱的同时，他仍然抽空坚持自学。就这样，他学完了大学的全部课程。在此期间，依靠着对社会、商业规律的观察，他敏锐地发现了这样一个道理——78%的生意来自22%的客户，这就要求企业界认真分析和研究客户，将78%的精力放在22%的最主要客户上，而不能平均地、分散地投入精力。于是，勤于思考的阿卡德在工作里将主要精力放在了服务那些富有的客户身上。不久之后，他就取得了非常突出的成就。两年之后，他就成了远近闻名的百万富翁。

后来，阿卡德创办了一家投资公司。他注意到，各个国家的经济都在不断地发展。于是，他想方设法将分散的资金集中起来，吸纳个人资金购买股票或股权，将集中起来的钱投向耗资多且回报率高的项目上。如此一来，既满足了企业发展的需求，又解决了当地政府资金困难的问题，自己又能够从中盈利。凭着自己敏锐的眼光和睿智的洞察力，阿卡德成了华尔街里的一名风云人物。

当谈起自己的成功时，阿卡德说道："我是依靠78:22法则取得的成绩。"由此可见，一个商人只要遵循并活学活用78:22法则，是很容易成功的。

威廉·穆尔是美国著名企业家。他在给格利登公司销售油漆时，第一个月只挣了160美元。之后，他仔细研究了犹太人经商的78:22法则，分析了自己的销售图表，发现自己80%的收益确实来自20%的客户，但是，他却在所有的客户身上花费了同样多的时间——这就是他失败的主要原因。

于是，他要求将自己最不活跃的36个客户重新分派给其他销售员，而自己则将精力集中到最有希望的客户上。不久以后，他一个月就赚了1000美元。此后，一连九年，他始终坚持遵守这一法则，这让他最终成了凯利·穆尔油漆公司的主席。

下面，让我们再来看看"只有一位顾客的商店"是怎么高价赚取富人的钱财的吧。

在圣诞节购物达到高潮时，纽约曼哈顿第五大街上的很多商店都人满为患，然而，有一家商店却是门可罗雀，店里常常仅有一名顾客。这家店叫作毕坚商店，而它总是重门深锁。不仅如此，这家店销售的商品都非常昂贵：一套衣服最少要2200美元，一瓶香水至少要1500美元，一个知名品牌的床罩价格竟然高达9.4万美元！因此，这家店一次只要有一位顾客光顾就足够了。

迄今为止，全世界有50多个国家和地区的富豪、王公贵族曾经花大价钱购买毕坚商店里的商品。世界各地的皇室贵胄、富豪、明星都曾经光临过这家店。毕坚商店一直致力于服务高端的"豪绅消费群体"。而且，在这家店购物的所有顾客的资料都严格保密，此举更进一步提高了其地位。

毕坚商店专注于经营高端消费品，这也是运用78∶22法则的结果。

犹太人的生意经，可以说是世界上最精准、最通用的生意经，犹太商人的点子更是世界上最值钱、最实用的点子，它可以一点到位，用中国人的话来说就是"点石成金"。

几千年来,犹太商人遍布世界各地,他们尤其擅长投资管理,最精于股市行情和商业谈判,最善于进行广告宣传和公关,他们总结出了一套行之有效的生意经和赚钱要诀。在这其中,最为通行的大概就是78:22法则——它构成了犹太人生意经的核心。

能花钱才能赚钱

《塔木德》中说道:"上帝将金钱作为礼物馈赠给我们,目的在于让我们能够买到这个世界上的快乐,而不是让我们将钱积攒起来如数奉还。"

有一个穷困潦倒的老人,他已经70多岁了。某一天,他刚刚领到了100美元的失业救济金,依照惯例,他到银行存了20美元。在走出银行大门的时候,他看到一位与自己年纪相仿的绅士正在抽雪茄。

"您的雪茄非常香,"戒烟已有50年的贫困老人主动搭讪问,"这样的雪茄不便宜吧!"

"20美元一支。"

"噢,您一天抽多少支烟?"

"15支。"

"哦,您抽多久了?"

"50年了。"

"一天300美元,一年10万多美元,50年,哎呀,您算算,您抽雪茄的钱不算利息已有500多万,这大概可以买下这家银行了吧?"

"哦!您似乎不大抽雪茄?"

"是的,我不抽。"

"那你能买下这家银行吗？"

"老实说，我不能。"

"不瞒您说，像这样的银行我已经开办了10家！"

这个贫困的老人事实上非常精明。因为第一，他账算得非常快，一下子就计算出每支20美元的雪茄烟，每天抽15支的话，50年后就能够买一家银行；第二，他很懂勤俭持家的道理，并身体力行，好久都没有抽过一支20美元的雪茄。然而，谁也不能说他具有"大智慧"，因为他既没有抽到雪茄，也没有攒下买下银行的钱。

那位贫困老人的智慧可以说是"死智慧"，而那位绅士的智慧才是"活智慧"：钱是靠钱"生"出来的，不是靠克扣自己的生活用度攒下来的！

为了迅速地成为富翁，犹太人的常规做法是投资金融行业和其他资金回收较快的行当，将78%的精力与注意力集中到钱"生"钱上。相比之下，努力攒小钱的人则由于缺乏冒险的气质，所以不可能找到快捷致富的方法。

不过话又说回来，不赞成攒小钱，并不意味着不主张在商务活动中要精打细算。

在这方面，犹太商人的"吝啬"气质暴露无遗：成本能省半分就省半分，价格能高半分就高半分。

也许你要问，不至于世界上的富翁们都如此吧？

犹太商人有白手起家的优良传统，但犹太商人并没有通过积攒小钱来积累资本的传统。

一方面，犹太商人没有受到禁欲主义的影响。犹太教在总体上从来没有过这方面的要求，而犹太人的生活也从来没有分化成宗教与世俗两大方面。犹太人在宗教节期间有苦修的功课，但功课完毕之后，接着便是丰盛的宴席。因此，那种形同苦行僧般的不追求享受的生活方式，并不是犹太商人的典型生活方式。

另一方面，从犹太商人集中于金融行业和投资回报较快的行业来看，他们原本就将注意力集中在了钱"生"钱上，而不是人省钱。那些辛辛苦苦攒小钱的人是不可能有犹太商人身上常见的那种冒险气质的。

这两个因素的结合，让犹太商人的经营方式和生活方式形成了鲜明对照。在业务上，犹太商人精打细算到了无以复加的地步，成本能省一分就省一分，价格能高一点就高一点，利润一定要算税后利润，也就是将上交国家的那部分利润扣除后实际获得的利润。不过，在现实生活中，像每天吸昂贵的雪茄烟这样的习惯，并没什么稀奇之处。

此外，犹太商人无论工作多么忙碌，对他们的一日三餐从来都不凑合，总要留出足够的时间，还要吃得色、香、味俱佳，而且吃饭时严禁说话。

事实上，何止吃饭的时间忌谈工作，每周，虔诚的犹太商人都要过整整24个小时不谈工作，甚至不去想工作的安息日！这是由于，犹太人是世界上最谙熟"平常心即智慧心"的道理的民族：犹太教尊重信徒的生理、心理要求，令他们保持一颗虔诚之心；犹太商人也一样以尊重自身的自然要求,从而保持了自己经商时的心理平衡。

而一个在利润问题上拿得起、放得下,有虔诚的信仰的商人,其创意、智慧是不可能枯竭的。对于一个商人来说,还有什么比淡定、自信更为重要的呢?它可以让一个人发挥卓越的才智,让一个人得到同伴更多的信任,让对手倍感压力。所以,一个心气平和的商人,往往更容易成为成功的商人。

合理地使用金钱

《塔木德》中有这样的经典语句：若是店主算不清账，他的账就会找他算账。

在犹太商人看来，一个人怎样使用钱——包括赚钱、存钱和花钱——或许是检验他的才智高低的最好的方法之一。

虽然金钱绝不能作为一个人生活的主要目的，但是，它也不是无关痛痒的东西，在很大程度上，金钱是获得感官快乐与社会地位的一种手段。

实际上，人性中的一些最优秀的品质，与正确地使用金钱是息息相关的，例如，慷慨、诚实、公平、自我牺牲精神，也包括节俭的美德。另一方面，一部分人滥用、误用了金钱这种手段，于是产生了浪费、挥霍、奢侈等恶劣行为。

在犹太人弗兰西斯·霍拉准备进入社会的时候，其父对他提出了忠告："我衷心地希望你事事如意，但我必须告诫你——要节俭。对任何人来说，节俭都是一个不可或缺的德行。但是，浮浅的人或许会轻视它。实际上，节俭是通向独立的大道，而独立则是每个品行高洁的人所追求的崇高目标。"

犹太人亨利·泰勒在《生活备忘录》一书中指出："在赚钱、储蓄、花钱、送礼、收礼、借进、借出和遗赠等方面,正确的行为方式及方法,为一个人的完美道德提供了佐证。"

假若一个人展望未来,他可能会发现,未来自己所要面对的主要有三种不幸:失业、疾病、死亡。前二者他或许还可以逃避,不过最后一个却是难以避免的。可是,不管哪一种可能性,他都应该将生活的压力降低到尽可能小的程度,这样做不但是为了自己,而且是为了那些与自己息息相关的人们。如此说来,诚实赚钱与勤奋节俭都是至关重要的。

老老实实地赚钱,是吃苦耐劳、自尊自信的表现;而合理地使用金钱,则是富于远见、坚忍克己的体现。金钱能够代表许多有非常大的价值的东西。这些东西中不但包括衣服、食物、感官的满足,而且,还包括个人的独立与自尊。

在这个世界上,努力去获得一个较为稳定的地位,这其中包含着人的尊严,它让一个人更为强壮,生活更为美好。从长远来看,它赋予了他更大的行动自由,能让他有更多的力量为将来而努力。

为了获得独立,生活俭朴是不可或缺的条件。节俭既不需要超人的勇气,也不需要卓越的美德,而仅仅需要普通人都具有的自控力。事实上,节俭仅仅是秩序原则在家庭事务管理中的运用——它意味着统筹安排、精打细算、避免浪费。

节俭也意味着将来的利益可以获得保障,所以,人要有抵御各种诱惑的能力,这也是人超越于动物本能的高贵之处。

人不能将金钱当作自己崇拜的偶像,而应当把它视为一个有用之物。就像迪安·斯威夫特所说的:"我们头脑里一定要有金钱的观念,不过,不可以满脑子都是金钱。"

我们应当将节俭当作精明的女儿、克制的姐妹与自由的母亲。显而易见,适度节俭是自助的最好展现。

我们每个人都应该根据收入的多少来定支出的限度,按照自己的收入过日子。要做到这一点,最重要的就是要对自己的收支情况有一个清醒的认识。假若一个人对自己的消费情况没有长远打算,甚至于任意挥霍,那么,等到其真正需要钱的时候,很可能就会陷于困境。

诚信第一，方能取信于人

犹太人认为，与被人欺骗相比，失去他人的信任才是人最大的痛苦。那么，如何才能不失去他人的信任呢？换句话说，如何才能取信于人呢？

诚信第一，这是取信于人最起码的要求。在犹太人千百年的商旅生涯中，他们遭遇过无数的歧视与打击，也遇到过无数精心编造的谎言或圈套，不过，他们一直笃信上帝的教诲："遵守约定，诚实为人，死后方能升上天堂。"

在商业领域，他们更深刻地体会到：取得别人的信任是交易顺利进行的基础。在商业交易中，犹太人十分看重遵守约定，纵然仅仅是口头上的承诺，非正式、非书面的协议，只要他们承认了，就会不折不扣地按照约定去行动——犹太人这种重信守约的美德为他们赢得了极高的声誉。

在具体的商业贸易领域里，《塔木德》规定了许多规则，严格禁止带有欺骗性的宣传或推销手段。比如，不得以次充好蒙骗顾客。货主有向顾客全面、客观地介绍所卖商品的质量的义务，假若顾客发现商品有问题而事先没有得到说明，则有权要求退货。而在定价方面，虽然当时没有统一的价格，通常都需要双方自行商定一个合理的价格。不过，一般来说，商品基本上还是保持在一定的价位上的，所以，假若卖主欺骗买主不知行情，让商定价格高出一般水平的10%以上，则规定此交易无效。

这些规定现在看来也许是再平常不过了，不过，要知道，《塔木德》形成于世界上大多数民族尚处在农耕社会的时期，它能预见将来的社会以商业贸易为主，并且阐述这些诚信经商的道理，是极富先见之明的。

犹太商人从来不做所谓的"一锤子买卖"，那种"只要每个人上我一次当，我就能够发财了"的想法，在他们看来无异于自取灭亡。照理说，犹太人没有自己的家园，被人到处驱来赶去，很容易在生意上甚至在与人交往中形成"打一枪换一个地方"的短视心理。然而，事实上，犹太人很少有这种劣迹，而且非常讲信誉，其商品或服务也很有保证，从来不以次充好，以假乱真。

这是为什么？除了犹太商人的文化背景，如以"上帝的选民"自居，有重信守约的传统以外，更由于其在变幻不定的生存环境与商业规律的结合过程中，逐渐悟透了什么才是真正的经商之道。

希尔斯·罗巴克公司的总裁朱利亚斯·罗森沃尔德是一个由德国移居到美国的犹太人，他曾经在叔叔的百货公司工作。后来，希尔斯·罗巴克公司融资时，他以37500美元的投资进入公司董事会，其投资额约占公司融资总额的1/4。

1910年，希尔斯·罗巴克公司总裁，也是公司的创立人理查德·希尔斯退休后，由朱利亚斯·罗森沃尔德出任新总裁。朱利亚斯·罗森沃尔德把"物美价廉"作为他的经营理念。随后，希尔斯·罗巴克百货公司成了美国最大的企业之一，每年收益约为5亿美元。

希尔斯·罗巴克百货公司销售的商品中，有许多都是企业集团自行生产的，所以，商品的成本能够降得很低，而质量也有保证。然而，希尔斯·罗巴克百货公司的真正基石还是罗森沃尔德制定的一条规定："不满意，就退货"——这条体现了最高商业道德的经营法则，实质上也是最实在的经营法则，现在已经为许多零售业者所接受。不过，在当时却是闻所未闻的。

可以毫不夸张地说，朱利亚斯·罗森沃尔德是将商业信誉提高到了一个前所未有的新高度的先驱人物。

希尔斯·罗巴克百货公司凭借着优质的商品、良好的信誉，以及对市场的精确预测，赢得了消费者的广泛好评。在朱利亚斯·罗森沃尔德逝世前，仅仅是希尔斯·罗巴克百货公司的商品目录就已经发行了4000万册——差不多每个美国家庭都有一本该公司的商品目录。

经济观察家们认为，这些连续出版的商品目录差不多构成了美国的一部社会生活史，从中，我们不难看出美国人审美趣味与消费心理的发展，而在这种发展中，有很大一部分是由希尔斯·罗巴克公司预测到，甚至一手造就的。

希尔斯·罗巴克百货公司生意兴隆，获利丰厚。最初，朱利亚斯·罗森沃尔德投资了37500美元，30年后，其资产达到了1.5亿美元。在如此雄厚的财力支持下，朱利亚斯·罗森沃尔德广泛地从事慈善活动。

他曾经为28个城市的"基督教青年会"募集资金，还为在美国南方的一些贫困地区建立的乡村学校提供资金支持，并且，还斥资270万美元用以解决芝加哥黑人的住房问题。此外，他还分别为芝加哥大学、芝加哥科学与工业博物馆赠了500万美元。

犹太商人笃信一个信条，即犹太人走到什么地方，就会在什么地方生根。他们不仅诚信经营，更能够和非犹太人友好相处，甚至拿自己的财富来支持、帮助犹太同胞或非犹太人。他们确信，只要以诚相待，重信守诺，犹太人就会拥有真诚的朋友，而非敌人。

知识重于金钱

犹太人尊重知识、重视教育是世界闻名的——在他们的眼里,知识是唯一的、永远不能被夺走的财富。在这个世界上,世俗的权威不重要,财富与金钱不重要,只有知识才是最重要的。权威一旦失去了人们的支持与拥戴就难以形成,金钱与财富也会随着时间发生变化,而知识却是一个人生存与发展的可靠保证。

只有具有丰富的阅历与广博的知识,在生意场上才会少走弯路、少犯错误,这是商人的基本素质,也是赚钱的根本保证。一个见识浅陋的人不仅不配做商人,也不能算是一个完整的人,而犹太人也愿意与学识渊博的人做生意。

而且,那些经验丰富、博学多识的人,比那些不学无术、庸碌无为的人,有着更大的成功概率。

一位杰出的犹太商人说道:"我的所有职员都是从最底层做起来的。实际上,对工作有利的,就是对自己有利的。所有人在开始工作时要是都能够记住这句话,那么,其前途就是不可限量的。"

有时候,你之所以会失败,是因为准备不足。有些人尽管比较努力,也勇于探索,但却由于知识与经验的不足,导致事倍功半,总是达不到目的，也难以实现成功的梦想。

比如，在商店里只知道按照顾客的要求拿东西的售货员，即便他工作多年，依旧对商品交易背后的更多情况一问三不知。这样的人仅仅是将工作视为赚钱谋生的工具，从来不会主动思考、关心商品的特点与顾客的需求。若他不被淘汰的话，只会当一辈子的售货员。而那些精明强干、善于思考的年轻人，却能在短时间内探知、发现一个行业的秘密，时机一旦成熟，他们就可以独当一面。

犹太青年汉姆在一个律师事务所里已经工作三年了。虽然还没有得到晋升的机会，但是，在这三年里，他将律师事务所的运营情况都摸清了。而且，他还在空闲时间自学，拿到了一个法律进修学院的毕业证书。这些都为他多年后创办自己的律师事务所打下了稳固的基础。相较而言，许多比汉姆更资深的律师却仍然担任着平庸的职务，赚着低微的薪资。

两相比较，像汉姆这样的有心人善于观察、勤于思考、意志坚定、乐于学习，并且会主动利用工作之外的时间深造、提升自己的人一定会取得成功；后者则截然相反，无论他们是不是安于现状，像他们这样数十年得过且过，事业终究是不会有什么起色的。

犹太商人还有这样的规定：当生活面临变故，被迫变卖物品以维持生计时，应该先将金子、宝石、房子、土地等先卖掉。即便是再困难，也不要将你珍藏的书籍卖掉——在犹太商人的眼中，世间的金银珠宝、房屋土地等都是终将消失的东西，而知识则是可以永远流传下去的无价之宝。

"书是甜的。"这是犹太商人教给自己的孩子的一句箴言。

当犹太儿童稍微懂事以后,他们的母亲会打开《旧约圣经》,滴一滴蜂蜜在上面,然后让小孩子亲吻书上的蜂蜜。这个仪式的主要用意是让孩子们从小就知道"书本是甜的"。让孩子们从小就养成与书为伴的习惯。

渐渐地,孩子们会喜欢阅读,这个习惯将陪伴他们一生——小时候是由于蜂蜜的诱惑,等他们长大了,就能从书的内容里体会到书是"甜"的。

在小时候,每个犹太小孩的母亲会经常问他:"如果有一天,你的房子被火烧了,你的财产也被抢光了,你会带着什么逃跑呢?"

若孩子们回答说"金钱"或者"钻石",他们的母亲就会接着问:"有一种东西比钻石更重要,它没有形状、没有颜色、没有气味,你们知道它是什么吗?"

孩子们要是回答不出来,母亲就会说道:"我的小宝贝啊,你们必须要带走的东西,既不能是金钱,也不能是钻石,而应该是知识。知识是任何人也不可能抢走的,只要人还在,知识就一直会陪伴着你们。"

犹太父母们就是这样对他们的孩子谆谆教诲的——知识是所有财富的唯一来源,是唯一能够永远将财富之门打开的金钥匙。

犹太人的历史也反复证实了知识的重要价值。在他们看来,与其将那些有限的、易逝的财富传给后人,不如将能够打开财富之门的金钥匙——知识——留给后人。